Majida Al Shammari
Jabbar H. Yenzeel
Muhammed Baqir M.R. Fakhrildin

Efeito da L-Carnitina e CoQ10 suplementadas ao meio SMART

Majida Al Shammari
Jabbar H. Yenzeel
Muhammed Baqir M.R. Fakhrildin

Efeito da L-Carnitina e CoQ10 suplementadas ao meio SMART

Pro nos Parâmetros do Esperma Humano e na Estrutura da Cromatina Durante a Ativação do Esperma in vitro

Imprint

Any brand names and product names mentioned in this book are subject to trademark, brand or patent protection and are trademarks or registered trademarks of their respective holders. The use of brand names, product names, common names, trade names, product descriptions etc. even without a particular marking in this work is in no way to be construed to mean that such names may be regarded as unrestricted in respect of trademark and brand protection legislation and could thus be used by anyone.

Cover image: www.ingimage.com

This book is a translation from the original published under ISBN 978-3-659-80067-2.

Publisher:
Sciencia Scripts
is a trademark of
Dodo Books Indian Ocean Ltd. and OmniScriptum S.R.L publishing group

120 High Road, East Finchley, London, N2 9ED, United Kingdom
Str. Armeneasca 28/1, office 1, Chisinau MD-2012, Republic of Moldova, Europe
Printed at: see last page
ISBN: 978-620-8-05327-7

Conteúdo

Lista de abreviaturas

AIH	Artificial insemination husband
ANOVA	Analysis of variance
AOT	Acridine orange test
ART	Assisted reproductive techniques
AT	Asthenoteratozoospermic
ATP	Adenosine triphosphate
CBAVD	Congenital bilateral absence of the vas deferens
CM	Culture media
CRD	Complete randomized design
COQ10	Co-enzyme Q10
DFI	DNA fragmentation index
DNA	Deoxyribonucleic acid
DPPH	Diphenyl- 2-picryl-hydrazyl
FSH	Follicle stimulating hormone
GIFT	Gamete intra-fallopian transfer
GnRH	Gonadotropin releasing hormone
HPF	High power field
HPG axis	Hypothalamus-pituitary-gonadal axis
HSA	Human serum albumin
HSCSA	Human sperm chromatin structure assay

ICSI	Intracytoplasmic sperm injection
IM	Immotile
ISA	*In vitro* sperm activation
IUI	Intrauterine insemination
IVF	*In vitro* fertilization
LC	L-carnitine
LH	Luteinizing hormone
MAGI	Male accessory gland infection
MIFs	Male infertility factors
MN	Micronucleus assay
MNS	Morphology normal sperm
NP	Non-progressively motile
PR	Progressively motile
PSA	Prostate specific antigen
ROS	Reactive oxygen species
SA	Semen analysis
SCSA	Sperm chromatin structural assay
SMART	Simple medium for assisted reproductive techniques
SPSS	Statistical package for social science
TML	Trimethyllysine
U.V	Ultra violet
WBCs	White blood cells
ZP	Zona pellucida

Capítulo 1

Introdução e revisão da literatura

1.1 Introdução

A infertilidade é a incapacidade de um casal sexualmente ativo e sem contraceção de conseguir uma gravidez num ano (OMS, 2010). A infertilidade pode dever-se à mulher, ao homem, ou a ambos; primária ou secundária. Na infertilidade primária, os casais nunca foram capazes de conceber; enquanto na infertilidade secundária há dificuldade em conceber depois de terem concebido (ou levaram a gravidez até ao fim ou tiveram um aborto espontâneo) (Tan e Bennett, 2007).

Um fator masculino é o único responsável em cerca de 20% dos casais inférteis e contribui para outros 30-40%. Se estiver presente um fator de infertilidade masculina, este é quase sempre definido pelo achado de uma análise anormal do sémen para a avaliação da fertilidade masculina (Agarwal e Kulkarni, 2003). A infertilidade masculina é devida à ausência completa de espermatozóides no ejaculado e é relativamente pouco frequente. A subfertilidade masculina pode ser devida a um baixo número de espermatozóides, a uma baixa percentagem de espermatozóides com movimento progressivo efetivo ou a anomalias na capacidade dos espermatozóides para fertilizar um óvulo (Francavilla *et al.*, 2009).

A análise convencional do sémen continua a ser o único teste de rotina para diagnosticar a infertilidade de fator masculino, embora os parâmetros do sémen tenham um poder limitado para prever a conceção espontânea ou assistida (Lewis, 2007). A análise do sémen tornou-se o exame mais importante a ser realizado na abordagem aos casais inférteis (Karpuz *et al.*, 2007). Basicamente, a contagem de espermatozóides, a motilidade e a percentagem de MNS são critérios convencionais para a qualidade do sémen (Isidori *et al.*, 2006).

Entre esses parâmetros, a morfologia e a motilidade dos espermatozóides são os melhores critérios para demonstrar a capacidade de fertilização de um macho (Bonde *et al.*, 1998). A motilidade é o principal parâmetro funcional que determina a capacidade de fertilização dos espermatozóides (Lambardo *et al.*, 2004). A motilidade do esperma dá uma medida da integridade do axonema do esperma e estruturas da cauda, bem como a maquinaria metabólica das mitocôndrias, e a morfologia do esperma é uma medida substituta da integridade da embalagem do ADN e da qualidade da espermatogénese (Pacey, 2006).

Atualmente, um dos quatro principais testes de fragmentação do ADN do esperma é o teste de laranja de acridina (AOT) (Liu e Baker, 2007). O teste AO é uma coloração de fluorescência chamada ensaio estrutural da cromatina espermática (SCSA) que reflecte a desnaturação da cromatina espermática (ADN de cadeia simples vs. ADN de cadeia dupla) (Tejada *et al.*, 1984).

A L-carnitina desempenha um papel importante no metabolismo dos espermatozóides, fornecendo energia prontamente disponível para ser utilizada pelos espermatozóides, o que afecta positivamente a motilidade dos espermatozóides, a maturação e o processo espermatogénico (Matalliotakis *et al.,* 2000), e diminui os danos no ADN (Abdel-razik *et al.,* 2009).

A coenzima Q10 é um antioxidante não enzimático que está relacionado com as lipoproteínas de baixa densidade e protege contra danos peroxidativos. Uma vez que é um agente promotor de energia, também melhora a motilidade dos espermatozóides (Lewin e Lavon, 1997), e um importante antioxidante celular (Bentinger *et al.,* 2007).

Por conseguinte, os objectivos do estudo foram os seguintes

1- Investigar o efeito de diferentes concentrações de (L-carnitina e COQ10) fornecidas ao meio de cultura nos parâmetros espermáticos durante a ativação espermática *in vitro.*

2- Investigar os efeitos da L-carnitina e da COQ10 na integridade do ADN dos espermatozóides em homens férteis e inférteis.

1.2 Revisão da literatura

1.2.1 O esperma

1.2.1.1 Visão geral

O espermatozoide dos mamíferos é uma célula enganadoramente simples e terminalmente diferenciada (Ramalho *et al.,* 2002). Na última década, uma extensa e exaustiva investigação centrou-se nas caraterísticas morfológicas e fisiológicas do desenvolvimento das células germinativas masculinas dos mamíferos, definindo uma correlação estrita entre as alterações estruturais e moleculares que ocorrem desde a espermatogónia até às espermátides e espermatozóides (Hermo *et al.,* 2010; Inselman *et al.,* 2003).

A espermatogénese dos mamíferos é um processo ordenado e bem definido que ocorre nos túbulos seminíferos do testículo. É caracterizada por divisões mitóticas das espermatogónias para produzir espermatócitos que passam por meiose para formar uma população de células haplóides (espermátides) durante um período de várias semanas (Hermo *et al.,* 2010). O esperma que deixa os testículos após a espermatogénese é imóvel e infértil. O esperma sofre várias alterações bioquímicas e fisiológicas durante a sua viagem desde o epidídimo até encontrar um oócito (Yoshida *et al.,* 2008; Young *et al.,* 2009; Chan *et al.,* 2009; Sato *et al.,* 2010). Por exemplo, várias proteínas secretadas pelo epidídimo e pelas glândulas acessórias são adicionadas ao esperma ao longo de diferentes partes do trato reprodutor masculino (Aitken *et al.,* 2007; Sato *et al.,* 2010; Belleannee *et al.,* 2011; Fabrega *et al.,* 2011; Katagiri *et al.,* 2011).

Em particular, as células de Sertoli fornecem o suporte físico, os nutrientes e os sinais hormonais para obter uma espermatogénese correta, controlando assim a proliferação das células germinativas. No testículo, a adesão celular e as moléculas de junção permitem interações específicas e a comunicação intracelular entre as células germinativas e as células de Sertoli (Hermo *et al.,* 2010), sendo depois armazenadas na ampola do canal deferente antes da ejaculação. Os espermatozóides são células terminalmente diferenciadas e privadas de um aparelho ativo de transcrição e tradução, pelo que têm de sobreviver na fêmea sem beneficiar dos mecanismos reparadores disponíveis para muitas outras células. Como tal, eles têm fontes finitere disponíveis para eles em sua jornada através do sistema reprodutor feminino (Suarez e Pacey, 2006). A passagem dos espermatozóides através do trato reprodutor feminino é regulada para maximizar as hipóteses de que os espermatozóides de alta fertilidade com morfologia normal e motilidade vigorosa alcancem o oócito e, uma vez lá, tenham a melhor hipótese de sucesso. Em humanos, há evidências de que a fertilização bem-sucedida pode ocorrer se a ejaculação ocorrer 5 dias antes da ovulação (Wilcox *et al.*, 1995). Através de uma série de obstáculos difíceis, os espermatozóides têm de sobreviver ao trânsito e, dos milhões introduzidos, apenas milhares chegarão às trompas de Falópio, possivelmente apenas dezenas encontrarão o ovócito e apenas um o fertilizará normalmente (Suarez e Pacey, 2006).

1.2.1.2 Produção de esperma e controlo hormonal

O segundo regulador-chave das funções do sistema de órgãos no corpo humano, a seguir ao sistema nervoso, é o sistema endócrino. As hormonas actuam como mensageiros na sinalização endócrina (Wagner *et al.*, 2008). Geralmente, nos adultos, a génese dos espermatozóides divide-se em três fases distintas: (i) mitose das espermatogónias (ii) meiose para produzir células germinativas haplóides (iii) maturação das espermátides em espermatozóides. Uma perturbação em qualquer etapa pode afetar o processo de espermatogénese e os espermatozóides podem tornar-se defeituosos (De Kretser *et al.*,1998).

Sob o controlo hormonal das gonadotrofinas, como a hormona luteinizante (LH) e a hormona folículo-estimulante (FSH), as espermatogónias dão origem a espermatozóides maduros (Cooke, 1991; Wagner *et al.*, 2008). A pituitária anterior produz LH e FSH. A hormona libertadora de gonadotropinas (GnRH), produzida pelo hipotálamo, estimula a produção destas duas hormonas. Sabe-se muito bem como a LH, a FSH e a testosterona regulam a espermatogénese. A testosterona é necessária para a conclusão bem sucedida do processo de espermatogénese. Sem ela, a conversão de espermátides redondas em espermatozóides durante a espermiogénese é prejudicada. Esta via é conhecida coletivamente como eixo hipotálamo-pituitária-gonadal (eixo HPG) (Sun *et al.*, 1990).

1.2. 2 L - Carnitina

1.2.2.1 Visão geral

A L-carnitina não é considerada uma vitamina, mas uma substância semelhante a uma vitamina, uma vez que os seres humanos saudáveis são capazes de a sintetizar em quantidade suficiente (Ramsay *et al.*, 2001). A L-carnitina é um nutriente essencial que o organismo utiliza para converter a gordura em energia. Actua como transportador de ácidos gordos através da membrana mitocondrial interna para posterior p-oxidação (Rebouche, 2004). O transporte de ácidos gordos activados do citosol para a matriz mitocondrial é facilitado pela L-carnitina (Flanagan *et al.*, 2010), melhorando a energia celular ao facilitar a entrada e a utilização de ácidos gordos livres no seu interior e restaurando a composição lipídica fosfórica das membranas mitocondriais através da diminuição da oxidação dos ácidos gordos (Gattuccio *et al.*, 2000; Vicari e Calogero, 2001; Lenzi *et al.*, 2003).

1.2.2.2 Estrutura química da L -Carnitina

A carnitina (*l-3-hidroxi-4-N,N,N-trimetilaminobutirato*) é um metabolito essencial, que desempenha um certo número de funções indispensáveis no metabolismo intermediário (McGarry e Brown, 1997; Ramsay *et al.*, 2001), derivado de um aminoácido, que se encontra em quase todas as células do organismo. A carnitina é o termo genérico para uma série de compostos que incluem a L-carnitina, a acetil-L-carnitina e a propionil-L-carnitina (Rebouche , 1999).

A carnitina, um aminoácido ramificado não essencial, é sintetizada a partir dos aminoácidos essenciais lisina e metionina com os cofactores necessários ácido ascórbico, ferro ferroso, piroxidina e niacina (Kendler, 1986). A lisina fornece a espinha dorsal de carbono da carnitina (Horne e Broquist, 1973), e a metionina origina os grupos *4-V-metilo* (Tanphaichitr *et al.*, 1971).

A biossíntese da carnitina é limitada pela disponibilidade do intermediário trimetil lisina, a maior parte do qual se encontra na proteína do músculo esquelético. O turnover desta proteína do músculo esquelético é considerado o passo limitador da taxa de biossíntese da carnitina (Berardi *et al.*, 1998). Os seres humanos sintetizam a carnitina a partir do substrato marcado 6-N-trimetil-lisina (TML) numa idade muito precoce (Vaz, *et al.*, 2001). A última etapa é a hidroxilação da butirobetaína em carnitina e está limitada ao fígado, rins e cérebro. Vaz e Wanders fizeram uma revisão exaustiva das enzimas envolvidas na biossíntese da carnitina, dos seus cofactores e da sua localização subcelular (Vaz e Wanders , 2002).

1.2.2.3 Farmacocinética e distribuição da L-carnitina

Bach *et al.* apresentaram provas que sugerem uma dose relativamente elevada de L-carnitina, tendo registado um aumento dos níveis totais de carnitina no sangue de cerca de 57% e da forma livre de L-carnitina de cerca de 81% (Bach *et al.*, 1983). Em contraste com estas observações, vários investigadores sugeriram uma biodisponibilidade muito mais baixa. Sahajwalla *et al.* indicaram uma biodisponibilidade absoluta de cerca de 18% em voluntários saudáveis (Sahajwalla *et al.*, 1995), enquanto Harper e colaboradores referiram igualmente uma biodisponibilidade oral relativamente baixa. Após uma dose de 2 g, estimaram que a biodisponibilidade era de aproximadamente 16% (Harper *et al.*, 1988).

Baker *et al.* avaliaram as alterações da atividade da carnitina livre e da atividade da acilcarnitina no plasma, no sangue total, nos glóbulos vermelhos e na urina após a administração de doses orais de L-carnitina (dose única de 500 mg ou 2500 mg ou ingestão de uma dose diária de 2500 mg durante 10 dias). Assim, todos estes investigadores não observaram qualquer alteração significativa dos níveis de carnitina nos glóbulos vermelhos, independentemente da dosagem, o que sugere uma reposição lenta das reservas teciduais de carnitina após uma dose oral ou uma fraca capacidade de transporte da carnitina para os tecidos em condições normais (Baker *et al.*, 1993).

As provas indicam que a L-carnitina é absorvida no intestino por uma combinação de transporte ativo e difusão passiva (Li *et al.*, 1992). O músculo esquelético é considerado como a maior porção de toda a carnitina no organismo (Mitchell, 1978) e possui uma concentração de L-carnitina pelo menos 50 a 200 vezes superior à do plasma sanguíneo, onde a média. As concentrações situam-se entre 41 (mulheres) e 50 (homens) _M/L (Ramsay *et al.,* 2001). Além disso, o coração, o fígado, os rins e o epidídimo concentram a carnitina nestes tecidos e possuem sistemas de transporte específicos para ela (Baker *et al.,* 1993).

A carnitina é excretada principalmente através dos rins, com uma reabsorção tubular altamente eficiente de cerca de 90-99% em doses dietéticas normais e concentrações plasmáticas e tecidulares normais (Harper *et al.,* 1988; Rebouche, 2004), enquanto apenas 2% da L-carnitina ingerida é eliminada nas fezes (Carroll *et al.,* 1981). Em caso de stress e de doença, ou em função das condições dietéticas ou fisiológicas, a carnitina pode ser convertida, por exemplo, em 0-metilcolina (Mehlman *et al.,* 1969; Mitchell, 1978).

1.2.2.4 Importância biomédica da L-carnitina

Para converter a gordura em energia, o organismo utiliza um nutriente essencial, a L-carnitina (L- 3- hidroxi- 4 -N- N- N- tri metil amino butirato), transportando os ácidos gordos através da membrana mitocondrial interna para posterior β-oxidação (Rebouche, 2004).

Por conseguinte, a deficiência de L-carnitina pode afetar a função mitocondrial (Rossignol e Bradstreet, 2008).

A L-carnitina é também um antioxidante que reduz o stress metabólico nas células, tendo um poder eficaz de eliminação do radical livre 1,1-difenil-2-picril-hidrazil (DPPH), de eliminação do radical iónico superóxido, de eliminação do peróxido de hidrogénio e de redução total (Gulgin, 2006). Está também envolvida no metabolismo das cetonas para obter energia (Fukao *et al.,* 2004), na conversão de aminoácidos de cadeia ramificada - valina, leucina e isoleucina - em energia (Platell *et al.,* 2000). Além disso, transporta os compostos tóxicos gerados para fora da mitocôndria para evitar a sua acumulação. Dadas estas funções-chave, a carnitina está concentrada em tecidos como o músculo esquelético e cardíaco, que utilizam ácidos gordos como combustível alimentar (Rebouche, 1999). Além disso, desempenha um papel fundamental no equilíbrio energético das membranas celulares e no metabolismo energético dos tecidos que obtêm grande parte da sua energia a partir da oxidação dos ácidos gordos, como os músculos cardíacos e esqueléticos (Ahmad, 2001; Srinivas *et al.,* 2007) e melhora a utilização dos hidratos de carbono (Lopaschuk, 1991).

Um aumento da velocidade de corrida e uma diminuição do consumo médio de oxigénio e da frequência cardíaca num teste em passadeira após a toma do suplemento (Swart *et al.,* 1997). Um efeito protetor da suplementação com L-carnitina durante o choque cardiogénico, a L-carnitina pode proporcionar o seu benefício atenuando a acidose metabólica, protegendo contra a destruição de enzimas e minimizando os danos oxidativos celulares (Corbucci e Lettieri, 1991). Além disso, a L-carnitina melhorou significativamente a eficiência do sono, o nível de energia e a comunicação (Ellaway *et al.,* 2001).

No miocárdio, a L-carnitina desempenha um papel importante na produção de energia, transportando os ácidos gordos livres para as mitocôndrias, aumentando assim o substrato preferido para o metabolismo no coração (Opie, 1979). De facto, cerca de 95% das reservas de L-carnitina encontram-se no coração e nos músculos esqueléticos. O coração adulto obtém normalmente 50-70% do seu ATP a partir da β-oxidação dos ácidos gordos, que requer L-carnitina para poder metabolizar os ácidos gordos como combustível (Lopaschuk *et al.*, 2010).

Recentemente, a L-carnitina foi proposta para o tratamento de vários tipos de doenças, como lesões hepáticas. Estudos efectuados em animais mostraram que podiam prevenir a hepatite e o subsequente carcinoma hepatocelular em ratos Long-Evans Cinnamon através da suplementação dietética com L-carnitina (Chang *et al.*, 2005) e aliviar as lesões hepáticas induzidas pelo álcool em ratos (Bykov *et al.*, 2003).

1.2.2.5 Relação entre a L- carnitina e a reprodução

A carnitina é um antioxidante solúvel em água derivado principalmente da dieta humana que pode desempenhar um papel no metabolismo energético do esperma e fornecer o combustível primário para a motilidade do esperma (Jeulin e Lewin, 1996). A contagem e a motilidade do esperma estão diretamente relacionadas com o conteúdo de carnitina do fluido seminal (Menchini-Fabriset *et al.*, 1984; Matalliotakis *et al.*, 2000). A função mais bem descrita da L-carnitina é a participação no transporte de ácidos gordos activados (acil Co A) do citoplasma através da membrana mitocondrial interna, através das proteínas de transporte da carnitina denominadas Carnation shuttle (David *et al.*, 2005). A carnitina transporta os ácidos gordos para serem oxidados de modo a gerar ATP, remove os grupos acilo da mitocôndria como acilcarnitinas, atenua a disfunção mitocondrial que resulta em morte celular e/ou aumenta a produção secundária de espécies reactivas de oxigénio (ROS) (Chang *et al,.* 2005). Além disso, a L-carnitina tem um efeito protetor ao inibir os danos nas membranas mitocondriais induzidos pelos ácidos gordos livres e/ou os seus efeitos secundários, tanto nas mitocôndrias como nas células inteiras (Furuno *et al.*, 2001; Luo *et al.*, 1999). Estes efeitos protectores da carnitina e dos metabolitos relacionados supõem dever-se a uma melhoria do metabolismo energético e à inibição da fuga de electrões dos sistemas de transporte de electrões mitocondriais (Zhu *et al.*, 2008). A L-carnitina inibe igualmente a apoptose dependente das mitocôndrias, tanto *in vivo* como *in vitro* (Chang *et al.*, 2002; Pillich *et al.*, 2005). É também um antioxidante que reduz o stress metabólico nas células, tem uma eficácia na eliminação do radical livre 1,1-difenil-2-picril-hidrazil (DPPH), na eliminação do radical anião superóxido, na eliminação do peróxido de hidrogénio e no poder redutor total (Gülçin, 2006).

A L-carnitina está concentrada no epidídimo, no esperma (Pruneda *et al.*, 2007) e altamente concentrada no testículo, apesar da barreira sangue-testículo (Kobayashi *et al.*, 2005). Tem um papel importante no início da motilidade dos espermatozóides, na promoção da maturação dos espermatozóides, na melhoria da fertilização dos espermatozóides, na regulação das funções das células de Sertoli, na proteção dos espermatozóides contra danos oxidativos, na redução da apoptose das células espermatogénicas e na inibição da agregação dos espermatozóides (Abdel-razik *et al.*, 2009).

Vários estudos sobre o esperma humano examinaram o papel do LC na redução do stress oxidativo celular (Vanella *et al.*, 2000; Apak *et al.*, 2004; Silva-Adaya *et al.*, 2008). Foi relatada uma associação entre níveis mais baixos de LC no sémen e infertilidade masculina (Matalliotakis *et al.*, 2000; Li *et al.*, 2007). Um homem azoospérmico relatou concentrações muito baixas de CL em comparação com um controlo normospérmico (Lewin *et al.*, 1981). O mesmo resultado foi observado em homens oligoastenozoospérmicos, a suplementação com LC mostrou uma melhoria na qualidade do sémen nestas pessoas (Ng, *et al*, 2004).

Estudos também sugerem que a suplementação de carnitina (2-3 gramas/dia por 3-4 meses) pode melhorar a qualidade do esperma (Vicari e Calogero, 2001), enquanto 2 gramas/dia de carnitina tomadas por homens inférteis por 2 meses aumentaram a concentração e a motilidade total e direta de seus espermatozóides (Lenzi *et al.*, 2003), também a suplementação dietética com L-carnitina melhora a qualidade do esperma (Kozink *et al.*, 2004; Yeste *et al*, 2009).

1.2.3 Co-enzima Q10 (CoQ10)

1.2.3.1 Visão geral

A coenzima Q10 ou ubiquinona é um composto ubíquo, vital para o metabolismo energético, produzido endogenamente. Os tecidos metabolicamente mais activos, como o coração e o sistema imunitário, têm níveis mais elevados de CoQ10 (Bhagavan e Chopra, 2006). É designada coenzima Q10 (CoQ10) nos seres humanos e em algumas outras espécies de mamíferos porque a sua cadeia lateral é composta por 10 unidades de isopreno. A CoQ pertence a uma série homóloga de compostos que partilham uma estrutura de anel de benzoquinona comum, mas que diferem no comprimento da cadeia lateral isoprenóide (Ernster e Dallner, 1995).

A coenzima Q está presente na forma mais abundante nos seres humanos e na maioria dos mamíferos, bem como nas células vegetais e animais. A Q9 é a forma primária, encontrada em ratos e ratazanas. Q6, Q7 e Q8 são ricos em leveduras e bactérias. A Q10 está presente em todos os tecidos, mas é rica no coração e nos músculos esqueléticos, no fígado e nos rins; os pulmões têm os níveis mais baixos de Q10. A forma reduzida de Q10 é a forma mais importante, exceto nos tecidos do cérebro e dos pulmões (Singh *et al.*, 2003a).

A coenzima Q10 foi identificada pela primeira vez em 1940. Em 1955, Festenstein e os seus colegas baptizaram a substância com o nome de ubiquinona. Em 1957, Crane e os seus assistentes escolheram o nome de coenzima e, no mesmo ano, demonstraram que desempenha um papel importante como transportador redox na cadeia de transporte respiratório dos mamíferos (Singh *et al.*, 1998). Stocker e Singh, com os seus grupos, demonstraram pela primeira vez que a CoQ10 pode inibir a aterosclerose e modular a qualidade e a composição química do ateroma (Stocker *et al.*, 1991; Overvad *et al.*,1999; Frankish, 2003; Singh *et al.*, 2003b).

1.2.3.2 Estrutura química da CoQ10

Tanto a ubiquinona como o ubiquinol são as formas activas da CoQ10 e ambas são necessárias para produzir energia celular. A forma oxidada da CoQ10 é a ubiquinona, com a qual os consumidores estão mais familiarizados e que tem sido tomada como suplemento e estudada há mais de trinta anos (Barry e Robert, 2008). A CoQ10 é composta por um sistema de anéis de p-benzoquinona e uma cadeia lateral de poli-isoprenóide. A lipofilicidade da molécula de

CoQ10 está relacionada com o comprimento da cadeia lateral, que é constituída por dez unidades de isoprenoides. Este facto torna a molécula altamente lipofílica (Boicelli *et al.*, 1981).

A estrutura química da CoQ10 é 2,3-dimetoxi-5-metil-6-decaprenil-1,4- benzoquinona (Shunk *et al.*, 1958). Nos mamíferos, a CoQ10 é o único lípido sintetizado endogenamente com uma função redox e apresenta uma ampla distribuição tecidular e intracelular (Dallner e Sindelar, 2000). Embora a sua estrutura química seja semelhante à da vitamina K, a CoQ10 não é considerada uma vitamina porque é sintetizada de novo no organismo (Bhakgavan e Chopra, 2006). São conhecidos três estados redox da CoQ10: a ubiquinona (totalmente oxidada), a ubisemiquinona (semiquinona) e o ubiquinol (totalmente reduzido) (Okamoto *et al.*, 1989; Aberg *et al.*, 1992). As estruturas da ubiquinona, da ubisemiquinona e do ubiquinol estão representadas na figura (1-1).

Ubiquinone   Semiquinone radical   Ubiquinol

Figura (1-1): Três estados redox da coenzima Q10. Adaptado de (Shunk *et al.*, 1958)

Através de um processo de conversão fundamental, a CoQ10 produz e mantém a energia natural do nosso corpo. Este processo pode ser melhor descrito como um "ciclo" contínuo em que a ubiquinona se converte em ubiquinol, captando electrões. Posteriormente, o ubiquinol elimina os radicais livres e os radicais hidroxilo (libertando electrões) e volta a converter-se em ubiquinona (Dhanasekaran *et al.*, 2008). Os níveis de energia celular não podem ser mantidos sem este processo de conversão contínuo. Além disso, o ubiquinol é o antioxidante lipossolúvel mais forte disponível, que protege as células do organismo do stress oxidativo e pode evitar danos nas proteínas, nos lípidos e no ADN (Barry e Robert, 2008).

1.2.3.3 Farmacocinética da CoQ10

Infelizmente, nos intestinos, a biodisponibilidade da CoQ10 é muito baixa após aplicação oral (Wils *et al.*, 1994). Para melhorar a biodisponibilidade da CoQ10, os investigadores tentaram modificar a estrutura molecular ou alterar as composições das preparações de CoQ10. De facto, a investigação das modificações da estrutura e dos sistemas de administração revelou que a biodisponibilidade da CoQ10 após aplicação oral pode ser significativamente melhorada escolhendo uma formulação adequada (Kommuru *et al.*, 2001; Kurowska *et al.*, 2003). Em indivíduos saudáveis, as concentrações normais de CoQ10 no soro/plasma variam geralmente entre 0,5 µg e 1,0 µg por ml e estima-se que o pool corporal total de CoQ10 se situe entre 1,5 - 2 g num adulto saudável (Shults *et al.*, 2004). Estudos em animais e humanos demonstraram que aproximadamente 2 a 10% da dose administrada é absorvida pelo sangue (Zhang *et al.*, 1995; Weber, 2001). Foi demonstrado que as concentrações plasmáticas aumentam 180% após uma dose de 90 a 150 mg/dia de CoQ10 (Kaikkonen *et al.*, 1997). Devido à sua hidrofobicidade e ao seu grande peso molecular, a absorção da CoQ10 na alimentação é lenta e limitada (Bhagavan e Chopra, 2006).

A biodisponibilidade absoluta da CoQ10 não pode ser medida porque não existe atualmente nenhuma forma intravenosa de CoQ10 para uso humano. Atualmente, devido ao seu potencial clínico, a CoQ10 é um suplemento oral popular. Em geral, os suplementos de CoQ10 são considerados biodisponíveis e têm uma semi-vida de aproximadamente 34 horas, com níveis máximos que ocorrem 5-10 horas após a administração (Tomono *et al.*, 1986; Greenberg e Frishman,1990). Também os dados relativos a animais mostram que a CoQ10 em grandes doses é absorvida por todos os tecidos, incluindo as mitocôndrias do coração e do cérebro (Bhagavan e Chopra, 2006).

1.2.3.4 Presença de CoQ10 no organismo

A coenzima Q10 é um conteúdo natural da nossa alimentação. Também é sintetizada em todas as células do corpo, especialmente nos músculos (Frankish, 2003; Singh *et al.*, 2003b). Cerca de 95% da CoQ10 circulante no sangue existe sob a forma de ubiquinol em pessoas saudáveis (Bhagavan e Chopra, 2007). Assim, o organismo tem de converter a CoQ10 suplementar sob a forma de ubiquinona em ubiquinol (a forma antioxidante) (Barry e Robert, 2008). Vários estudos demonstraram que os níveis de Coenzima Q10 diminuem com a idade (Gaby e Alan, 1999; Dhanasekaran e Ren, 2005), juntamente com uma diminuição acentuada da capacidade do organismo para produzir ubiquinol (Barry e Robert, 2008). Outros estudos iniciais referiram que os níveis de CoQ10 eram alterados com a idade e a doença (Tang *et al.*, 2001; Anonymous, 2007).

Para garantir a produção de energia e a proteção do organismo, a CoQ10 tem de ser suplementada em caso de deficiência (Gaby, 1996). Ficou claro que a CoQ10 é produzida no corpo humano e que, após os 30 anos de idade, os níveis começam a diminuir. Uma perturbação ou diminuição dos níveis de CoQ10 pode conduzir a doenças, à diminuição da produção de energia e à supressão da função celular (Grane, 2001). Sem os efeitos protectores da CoQ10, podem ocorrer alterações na expressão genética das moléculas da matriz extracelular, conduzindo finalmente à formação, invasão e propagação de determinados cancros. A falta deste nutriente vital pode ser parcialmente responsável pela deterioração do sistema imunitário relacionada com a idade (Langsjoen *et al.*, 1994; Bliznakov e Emile, 2005).

1.2.3.5 Importância biomédica da CoQ10

A produção de energia celular é a principal função da CoQ10 no nosso organismo. Também ajuda a proteger os tecidos e os componentes celulares do organismo dos danos causados pelos radicais livres, actuando como um potente antioxidante. Para além disso, a CoQ10 tem outras funções importantes no organismo. Desempenha um papel central na função e na respiração celular normal, pelo que a deficiência na disponibilidade ou na produção endógena de CoQ10 perturba as funções celulares normais, podendo conduzir a padrões anormais de divisão celular e produzir uma resposta oncogénica (Ernster e Dallner, 1995; Crane, 2001).

Vários estudos referem que a CoQ10 total pode não ser tão importante como a CoQ10 reduzida (CoQ10H2) ou o rácio entre a CoQ10 reduzida e a CoQ10 total (Tang *et al.*, 2001; Anonymous, 2007). Em indivíduos com vários tipos de cancro, doenças cardíacas e doenças neuromusculares, pensa-se que a forma reduzida da CoQ10 (CoQ10H2) é inferior à CoQ10 total devido às suas funções como antioxidante para reduzir o stress oxidativo (Tang *et al.*, 2001). Os ensaios em humanos sugerem que a suplementação com CoQ10 pode ser benéfica para indivíduos com doenças cardiovasculares, insuficiência cardíaca crónica e hipertensão (Anonymous, 2007).

Um estudo em modelos animais demonstrou que a CoQ10 é absorvida por todos os tecidos após administração oral e que o conteúdo tecidular de CoQ10 reduzida e o rácio entre a CoQ10 reduzida e a CoQ10 total podem ser utilizados como marcadores de doença (Miles *et al.*, 2005; Bhagavan e Chopra, 2006). A suplementação com CoQ10 foi também investigada em indivíduos com perturbações neurológicas, cancro, diabetes, enxaquecas e asma (Miles *et al.*, 2006; Anonymous, 2007). Verificou-se que os níveis de CoQ10H$_2$ aumentam como resposta adaptativa ao stress oxidativo na síndrome metabólica (Miles *et al.*, 2004). Por outro lado, a relação entre a CoQ10 e a CoQ10 total pode ser utilizada como um marcador de doença (Bhagavan e Chopra, 2006; Miles *et al.*, 2005).

Mais importante ainda, ao reciclar a vitamina E, o poderoso antioxidante lipossolúvel do organismo, e quando a vitamina E é reciclada, é capaz de ajudar a manter as paredes das artérias livres da acumulação de placas associada à idade (Packer e Lester, 1999). Ao reciclar e repor a vitamina E gasta, a CoQ10 proporciona uma proteção antioxidante direta e indireta (Singh *et al.*, 2000). Além disso, a CoQ10 protege tanto do envelhecimento da pele como do cancro da pele, oferecendo uma proteção antioxidante fundamental contra a radiação UV (Packer e Lester, 1999).

1.2.3.6 Relação entre a CoQ10 e a reprodução

A coenzima Q10 é um antioxidante, um agente promotor de energia, um estabilizador de membranas e um regulador dos poros de transição da permeabilidade mitocondrial (Turunen *et al.*, 2004). No plasma seminal, a CoQ10 está presente em concentrações elevadas e o seu nível neste fluido biológico correlaciona-se positivamente com a motilidade dos espermatozóides, tendo-se verificado que se encontra reduzida na astenozoospermia idiopática e associada à varicocele (Balercia *et al.*, 2002). A maior parte da CoQ10 nas células espermáticas concentra-se nas mitocôndrias da parte média e os processos dependentes de energia dependem da disponibilidade de CoQ10 (Lewin e Lavon, 1997).

A reduzida (ubiquinol) e a oxidada (ubiquinona) são as duas formas de CoQ10. No fluido seminal, foi relatada uma forte correlação entre a contagem de espermatozóides, motilidade e conteúdo de ubiquinol-10 (Alleva *et al.*, 1997). Recentemente, um aumento significativo na motilidade do esperma resultou após a suplementação de CoQ10 em homens inférteis com astenozoospermia idiopática num estudo piloto aberto (Balercia *et al.*, 2002).

Pacientes com achados normais ou patológicos na análise padrão do sémen, o conteúdo de CoQ10 foi testado no plasma seminal e no fluido seminal (Mancini *et al.*, 1994), foi observada uma correlação significativa entre a contagem de espermatozóides, a motilidade e o conteúdo de CoQ10 no fluido seminal e os pacientes com astenospermia tinham CoQ10 baixa no plasma seminal. Além disso, os espermatozóides, que são caracterizados por baixa motilidade e morfologia anormal, têm baixos níveis de CoQ10 (Balercia *et al.*, 2002).

A eficácia de 200 mg de CoQ10 por dia para melhorar a qualidade do sémen foi avaliada em 60 homens com infertilidade idiopática (Balercia *et al.*, 2009). Outro estudo, num estudo piloto não controlado numa coorte de homens inférteis com astenozoospermia idiopática, demonstrou que a administração terapêutica de CoQ10 conduz a um aumento significativo desta molécula no plasma seminal e nos espermatozóides e a um aumento significativo da motilidade dos espermatozóides (Balercia *et al.*, 2002).

1.2.4 Análise do sémen (SA), visão geral:

A análise do sémen é, na verdade, um painel de testes que medem a função do testículo e das glândulas acessórias, cada um exigindo tecnologia e competências diferentes (Kinzer e Rothman, 2003). Além disso, a AE fornece informações úteis sobre a motilidade, a viabilidade e a ejaculação (Lamb, 2010). É a primeira ferramenta que um médico utiliza para avaliar o fator masculino num estudo de infertilidade. O exame microscópico convencional do sémen é propenso a uma elevada variabilidade e falta de padronização. A realização de uma análise manual precisa do sémen é muito difícil devido a uma série de factores (OMS, 1999; Keel *et al*, 2002).

O sémen é o produto de fluidos e células do testículo e das glândulas acessórias masculinas e é composto principalmente por secreções ácidas da próstata que contêm zinco, ácido cítrico, fosfatase ácida e antigénio específico da próstata (PSA); secreções, espermatozóides secreções alcalinas das vesículas seminais que compreendem a maior parte do volume do sémen e contêm frutose e seminogelina (Jeyendran, 2000; Eliasson, 2003). Os dados indicam que existem variações subtis nos parâmetros do sémen entre homens de diferentes áreas geográficas e mesmo entre amostras do mesmo indivíduo (Jorgensen *et al.*, 2001; Alvarez *et al.*, 2003) .

A microscopia ótica é a mais utilizada para analisar a qualidade e prever a fertilidade. A motilidade é uma das caraterísticas mais importantes de um espermatozoide fértil (Ohl e Menge, 1996). A análise do líquido seminal deve incluir a avaliação de parâmetros macroscópicos e microscópicos. A análise deve ser efectuada em múltiplos ejaculados antes de caraterizar um homem como normal ou infértil, devido à grande variação dentro do sujeito nos parâmetros do esperma (Keel, 2006).

A Organização Mundial de Saúde (OMS) publica periodicamente manuais para o exame laboratorial do sémen humano. O primeiro foi publicado em 1980, com actualizações subsequentes em 1987, 1992 e 1999 (OMS, 1999). Estes manuais são utilizados como fonte de metodologia normalizada para os laboratórios que efectuam análises de sémen em todo o mundo. A OMS publicou a sua 5ª edição actualizada no final de 2010, com diferenças importantes em relação às versões anteriores (OMS, 2010).

1.2.4.1 Parâmetros de análise do sémen

1.2.4.2 Exame macroscópico

Entre elas, contam-se as seguintes: -

1- Aspeto do sémen:

O sémen normal é cinzento -opalescente ou esbranquiçado -cinzento a amarelado (Al-

Ebrahimi, 2008). A descoloração amarela escura do sémen com um fio de muco é uma indicação de infeção. A cor vermelha é devida à presença de eritrócitos. Alguns medicamentos e doenças podem alterar a cor do sémen, como a rifampicina e doenças hepáticas (Agarwal e Said, 2011).

2- Tempo de liquefação do sémen

A liquefação é a mudança do estado coagulado para o estado líquido (Eliasson, 2003). O antigénio específico da próstata (PSA) provoca a proteólise da proteína da vesícula seminal, a ogelina do sémen, causando a liquefação do sémen, normalmente no espaço de uma hora, pelo que a perda ou a secreção incompleta das primeiras secreções (prostáticas) durante a colheita pode causar uma liquefação incompleta (Lee *et al.*, 1989; Mikhailichenko e Esipov, 2005). As amostras liquefazem-se normalmente em 15 minutos, mas algumas podem necessitar de 60 minutos ou mesmo mais e a mistura suave ou a rotação da amostra, em placas de Petri, pode ajudar (OMS, 2010).

3- pH do sémen

O valor de referência inferior consensual do pH do sémen liquefeito é de 7,2 (OMS, 2010). O pH pode aumentar até 8,0 em infecções agudas (infecções da próstata, vesícula seminal, epidídimo) (Weiske *et al.*, 2000). O pH pode dar alguma indicação sobre se o problema está relacionado com disfunção das glândulas acessórias ou perda de amostra durante a colheita, mas outros testes que utilizam marcadores bioquímicos são mais fiáveis (Lee *et al.*, 1989; Mikhailichenko e Esipov, 2005).

4- Volume do sémen

Espera-se que o volume normal do ejaculado se situe entre 1,5 e 5,0 ml (Speroff e Fritz, 2010). As vesículas seminais contribuem com até 70% do volume normal do ejaculado. O limite inferior de referência para o volume de sémen é de 1,5 ml (percentil 5, intervalo de confiança de 95% 1,4-1,7) (OMS, 2010). Embora seja mais provável que um baixo volume de esperma se deva à recolha incompleta do ejaculado, também pode dever-se à obstrução do ducto ejaculatório ou à ausência bilateral congénita dos canais deferentes (CBAVD) (Daudin *et al.*, 2000).

5- Viscosidade do sémen

A viscosidade (por vezes referida como "consistência") da amostra liquefeita pode ser estimada através de uma aspiração suave para uma pipeta de 5 ml de diâmetro largo, deixando o sémen cair por gravidade e observando o comprimento do fio. Uma amostra normal deixa a pipeta sob a forma de pequenas gotas discretas. Se a viscosidade for anormal, a gota formará um fio com mais de 2 cm de comprimento (OMS, 2010). O aumento da viscosidade pode afetar a motilidade dos espermatozóides (OMS, 1992). Foi observado que a viscosidade elevada pode ser uma indicação de anticorpos no plasma e/ou infeção do trato genital (Owen e Katz, 2005).

1.2.4.3 Caraterísticas microscópicas

Entre elas, contam-se as seguintes: -

1- Concentração de espermatozóides

A concentração espermática refere-se ao número de espermatozóides por unidade de volume de sémen e é uma função do número de espermatozóides emitidos e do volume de fluido que os dilui. O número total de espermatozóides refere-se ao número total de espermatozóides em todo o ejaculado e é obtido multiplicando a concentração de espermatozóides pelo volume de sémen (OMS, 2010). O número de espermatozóides por mililitro e a contagem de espermatozóides (número de espermatozóides/ejaculado) são realizados após a liquefação (Seaman *et al.*, 1996). Os valores normais de acordo com os critérios da OMS definidos em 2010 são indicados como espermatozóides/ml: $15x10^6$, contagem total de espermatozóides: $39x10^6$ (OMS, 2010). A perda da primeira porção do ejaculado, que é a porção rica em esperma, afectará significativamente a precisão da avaliação do número de espermatozóides. A última porção do ejaculado é composta principalmente de fluido vesicular seminal (Bjorndahl e Kvist, 2003).

2- Motilidade dos espermatozóides

A motilidade do esperma é um reflexo do desenvolvimento normal do axonema e da maturação que o esperma sofre dentro do epidídimo (Pasqualotto *et al.*, 1999; Zhao *et al.*, 2004). A OMS determinou critérios de avaliação da motilidade dos espermatozóides e foram definidos 3 grupos:

- Progressivamente móvel (PR): ativamente móvel, independentemente da sua velocidade (tanto linear como circular alargada).

- Motilidade não progressiva (NP): todos os padrões de motilidade sem progressão (natação em círculo apertado).

- Imóvel (IM): sem movimento. De acordo com a OMS, a taxa de espermatozóides progressivamente móveis de no mínimo 32% e a taxa total de espermatozóides móveis de no mínimo 40% foi definida como normal (OMS, 2010). É bem reconhecido que a percentagem de espermatozóides progressivamente móveis está associada a taxas de gravidez

(Jouannet *et al.*,1988; Larson *et al.*, 2000 ; Zinaman *et al.*, 2000). A avaliação da motilidade espermática deve ser realizada dentro de 60 minutos, de preferência 30 minutos, após a liquefação do sémen à temperatura ambiente ou a 37C° (WHO, 2010). Alguns autores recomendam que a temperatura deve ser relatada e o tempo entre a submissão e o exame, pois pequenos aumentos de temperatura e atraso no exame podem diminuir drasticamente o número de espermatozóides móveis contados (McLachlan *et al.*, 2003).

3- Morfologia do esperma

A morfologia do esperma é provavelmente a área mais confusa e demorada da análise de sémen (Davis e Gravance, 1994; Eliasson, 2003). Basicamente, cada espermatozoide é avaliado, observando-se a cabeça, a parte central e a cauda. Se qualquer uma das três estruturas principais estiver anormal, o espermatozoide é classificado como anormal (OMS, 1992). Uma análise de sémen normal deve conter pelo menos 30% de espermatozóides normais usando os critérios da OMS (Trummer *et al.*, 2002). Pode não haver limite superior para nenhuma caraterística do sêmen, já que as taxas de gravidez aumentam com morfologia e motilidade espermáticas superiores (Garrett *et al.*, 2003).

4- Aglutinação dos espermatozóides

A aglutinação refere-se especificamente a espermatozóides móveis que se colam uns aos outros, cabeça com cabeça, cauda com cauda, ou de uma forma mista. A motilidade é frequentemente vigorosa com um movimento frenético de agitação, mas por vezes os espermatozóides estão tão aglutinados que o seu movimento pode ser limitado (OMS, 2010). A fertilização bem-sucedida requer uma membrana plasmática do espermatozoide com integridade e função normais (Flesch e Gadella, 2000). O aumento da percentagem de aglutinação dos espermatozóides pode correlacionar-se negativamente com a motilidade dos espermatozóides e o grau de atividade e está associado à diminuição da capacidade de fertilização dos espermatozóides (Zavos *et al.*, 1998). A aglutinação de espermatozóides pode seguir a infeção geniturinária e a alta concentração de leucócitos no sémen (Murray, 1997), e é um indicador para o teste de anticorpos anti-espermatozóides (ASA) de homens inférteis (OMS, 2010). O microrganismo mais frequentemente isolado em pacientes do sexo masculino com infecções do trato genital ou contaminação do sémen é a *Escherichia coli*. A *E. coli* adere rapidamente aos espermatozóides humanos *in vitro*, resultando na aglutinação dos espermatozóides (Diemer *et al.*, 2000).

5- Viabilidade do esperma

Quando a motilidade é relatada como inferior a 5% a 10%, recomenda-se o teste de viabilidade, pois uma motilidade profundamente baixa pode ser causada por espermatozóides mortos ou necrospermia (McLachlan *et al.*, 2003; Rothmann e Reese, 2007). É importante saber se os espermatozóides imóveis estão vivos ou mortos, especialmente nos casos em que a ICSI é a terapia considerada. Uma técnica de coloração de uma etapa usando uma suspensão de eosina-nigrosina é recomendada (Bjorndahl *et al.*, 2003).

6- Célula redonda

Os leucócitos são os elementos celulares não espermáticos mais significativos no sémen e são um achado frequente em doentes com infertilidade inexplicada (Branigan *et al.*, 1995; Fedder, 1996). O número de células redondas foi contado utilizando o método de campo de alta potência (HPF). A amostra de sémen com <5 células redondas/ HPF foi considerada normal (OMS, 1999; 2010).

1.2.5 Técnicas de ativação de espermatozóides in vitro (ISA)

1.2.5.1 Técnica Swim-Up

A técnica Swim-up é o método de separação de espermatozóides mais antigo e mais utilizado e ainda é largamente utilizado em laboratórios de FIV em todo o mundo (Trounson *et al,.* 1980; Mahadevan *et al.*, 1983; Yates e De - Kretser, 1987). O método foi modificado para homens oligozoospérmicos (Jameel, 2008). Este método modificado é designado por "swim-up" direto e envolve o "swim-up" do sémen em vez do "swim-up" do pellet celular. O swim-up direto é o método mais simples e mais rápido para separar espermatozóides por migração. Para este método, são utilizados tubos de fundo redondo para maximizar a área de superfície entre o sémen e o meio (Bjorndahl *et al.*, 2010). O swim-up direto do sémen é usado para amostras de esperma com motilidade média ou boa (Mortimer, 1994).

O movimento ativo dos espermatozóides do pellet de células pré-lavadas para um meio de sobreposição é a metodologia desta técnica convencional de swim-up. Normalmente, o tempo de incubação é de 60 minutos. Esta técnica distingue-se por uma percentagem muito elevada (>90%) de espermatozóides móveis, o enriquecimento de espermatozóides morfologicamente normais, bem como a ausência de outras células e detritos é preferível. A eficiência da técnica baseia-se na superfície do pellet de células e na motilidade inicial dos espermatozóides no ejaculado, pelo que o rendimento de espermatozóides móveis é limitado. Muitas camadas de células no pellet podem fazer com que espermatozóides potencialmente móveis nos níveis inferiores do pellet nunca alcancem a interface com a camada de meio de cultura. Além disso, após o procedimento de swim-up, foi relatada uma diminuição significativa na percentagem de espermatozóides normalmente condensados em cromatina (Henkel *et al.*, 1994).

1.2.5.2 Técnica de migração-sedimentação

Principalmente, este método é uma técnica de swim-up combinada com uma etapa de sedimentação (Henkel e Schill, 2003) que foi desenvolvida por Tea *et al.* (Tea *et al.*, 1984). É normalmente utilizado para amostras com baixa motilidade. Para a migração-sedimentação são utilizados tubos especiais denominados tubos Tea-Jondet. A técnica de swim-up é usada nesta técnica mas também se baseia no assentamento natural dos espermatozóides devido à gravidade. Os espermatozóides migram de um poço em forma de anel para um meio de cultura acima e depois assentam através do orifício central do anel (Mortimer, 1994). Em contraste com o procedimento convencional de swim-up, os espermatozóides nadam diretamente do sémen liquefeito para o meio sobrenadante e subsequentemente sedimentam nesse cone interior no espaço de uma hora. Assim, se comparado com os métodos que requerem passos de centrifugação antes da separação dos espermatozóides, como o swim-up convencional, este método é uma técnica muito suave. Na versão original, uma fração de espermatozóides altamente móveis e funcionalmente competentes pode ser obtida. Infelizmente, o rendimento é muito baixo e, portanto, o método original não encontrou ampla aceitação para FIV (Henkel e Schill, 2003). A vantagem desta técnica é que se trata de um método suave, pelo que a quantidade de espécies reactivas de oxigénio (ROS) produzidas não é muito significativa. Por outro lado, os tubos especiais que são necessários são relativamente caros (Zavos *et al.*, 2000).

1.2.5.3 Técnica de centrifugação com gradiente de densidade

A centrifugação com gradiente de densidade separa os espermatozóides com base na sua densidade. Assim, cada espermatozoide é localizado no nível do gradiente que corresponde à sua densidade no final da centrifugação (Bjorndahl *et al.*, 2010). Os gradientes de densidade podem ser contínuos ou descontínuos. Aumentam do topo de um gradiente contínuo para o seu fundo (Henkel e Schill, 2003). Os componentes do procedimento de separação de espermatozóides por gradiente de densidade são uma suspensão coloidal de partículas de sílica estabilizadas com solução salina hidrofílica ligada covalentemente fornecida em HEPES (o tampão zwitteriónico fornece tampões na gama de pH de 6,15 - 8,35) (Good *et al.*, 1966). Existem dois gradientes: uma fase inferior (90%) e uma fase superior (45%). O meio de lavagem de esperma (HTF modificado com 5,0 mg/mL de albumina humana) é utilizado para lavar e ressuspender o pellet final. O último gradiente é formado quando várias camadas de densidade decrescente são colocadas umas sobre as outras. Os gradientes de dupla densidade constituem o protocolo de preparação de esperma comummente utilizado para técnicas de reprodução assistida (ART) (Bjorndahl *et al*, 2010).

Os espermatozóides altamente móveis, morfologicamente normais e viáveis formam um pellet no fundo do tubo. Para minimizar a produção de ROS por leucócitos e células espermáticas não viáveis, a força centrífuga e o tempo devem ser mantidos nos valores mais baixos possíveis. Além disso, os espermatozóides não viáveis e os detritos devem ser separados dos espermatozóides viáveis o mais rapidamente possível para minimizar os danos oxidativos (Bourne *et al.*, 2004).

1.2.5.4 Filtragem com lã de vidro

A filtração com lã de vidro já foi descrita por Paulson e Polakoski em 1977 (Van der Ven *et al.*, 1988). Separa os espermatozóides móveis de outros conteúdos do sémen por filtração através de fibras de lã de vidro densamente compactadas (Henkel e Schill, 2003). O princípio desta técnica de separação de espermatozóides reside tanto no movimento auto-propulsor dos espermatozóides como no efeito de filtração da lã de vidro. O sucesso deste método está diretamente relacionado com o tipo de lã de vidro utilizado (Sánchez *et al.*, 1996). A filtração com lã de vidro elimina 87,5% dos leucócitos do sémen, o que é importante, uma vez que os leucócitos são a principal fonte de ERO no sémen. O sémen é centrifugado após a filtração, para remover o plasma seminal das células espermáticas viáveis. O facto de a centrifugação ser efectuada sem leucócitos e espermatozóides não viáveis é importante, uma vez que a ausência destas populações limita a produção de ERO (Henkel *et al.*, 1997).

1.2.5.5 Relação entre o AIS e as taxas de gravidez (PRs)

A incapacidade de um homem engravidar numa mulher fértil é designada por infertilidade masculina, e a razão comum para tal são as deficiências na qualidade do sémen, que é utilizada como medida substituta da infertilidade masculina (AUA, 2010). A infertilidade masculina deve-se à ausência completa de espermatozóides no ejaculado e é relativamente pouco frequente. Um baixo número de espermatozóides, uma baixa percentagem de espermatozóides com movimento progressivo eficaz ou anormalidades na capacidade dos espermatozóides de fertilizar um óvulo, podem causar subfertilidade masculina (Francavilla *et al.*, 2009). O principal parâmetro funcional que determina a capacidade de fertilização dos espermatozóides é a motilidade. A causa subjacente à perda de motilidade dos espermatozóides pode ser hormonal, bioquímica, imunológica ou infecciosa (Lambardo *et al.*, 2004). Por conseguinte, a astenenozoospermia é uma das principais causas de infertilidade ou de redução da fertilidade nos homens (Dohle *et al.*, 2007). A motilidade dos espermatozóides é a única forma natural através da qual os espermatozóides se encontram com os óvulos durante a fertilização, por isso, é obrigatório ter um mecanismo altamente eficiente para gerar motilidade e, portanto, (Henkel *et al.*, 2000). A maximização das hipóteses de fertilização é o objetivo da preparação do esperma para ARTs (Baker *et al.*, 2000).

O esperma deve ser capaz de se ligar à zona pelúcida (ZP), sofrer a reação de acrossoma, e penetrar na ZP e finalmente fundir-se com o oolemma durante os processos de fertilização humana in *vivo* ou em FIV convencional (Yanagimachi, 1994, Wassarman, 1999). Apenas uma proporção muito pequena de espermatozóides móveis (média de 14%) é capaz de se ligar ao ZP in vitro em homens férteis, quando são fornecidos receptores ZP ilimitados (Liu *et al.*, 2003), o ZP humano liga-se seletivamente a espermatozóides com morfologia normal, e particularmente a forma e o tamanho relativo da região do acrossoma são importantes (Menkveld *et al*, 1991, 1996; Liu e Baker, 1994; Garrett *et al., 1997)* devido à forte relação entre a morfologia normal dos espermatozóides no meio de inseminação e a proporção de espermatozóides ligados à ZP (Liu *et al.*, 2003). Mais comumente homens inférteis teratozoospérmicos têm uma mistura de vários tipos de morfologia anormal que também reduz significativamente a capacidade de ligação esperma-ZP (Liu e Baker, 1992). Esta evidência sugere que a ZP de oócitos humanos tem a capacidade de ligar seletivamente espermatozóides funcionais normais (Menkveld *et al.*, 1991).

Ao longo da última década, tem-se verificado uma utilização crescente das tecnologias de reprodução assistida (TRA) para ultrapassar os problemas dos casais inférteis (Katz *et al.*, 2002). As ART são atualmente propostas por rotina nos casos de parceiros masculinos de casais inférteis que desejam ter um filho (Kaewnoonual *et al.*, 2008). Por conseguinte, o desenvolvimento de sistemas que permitam identificar os melhores espermatozóides para fertilização contribuiria para melhorar as actuais baixas taxas de nados-vivos alcançadas pelas técnicas de ARV (Wright *et al.*, 2008).

1.2.5.6 Ensaio de estrutura da cromatina do esperma humano (HSCSA)

Um método indireto que mede a integridade da cromatina do esperma, e corantes intercalantes do ácido desoxirribonucleico (ADN) (laranja de acridina) que diferenciam o ADN de cadeia simples e dupla. O teste de desnaturação do DNA espermático e o teste de dispersão da cromatina espermática são outros testes relatados na literatura (Chohan *et al.*, 2006; Muriel *et al.*, 2007).

1.2.6 Teste do laranja de acridina (AOT)

1.2.6.1 Visão geral

O teste de laranja de acridina (AO) é uma coloração fluorescente chamada ensaio estrutural da cromatina do esperma (SCSA) que reflecte a desnaturação da cromatina do esperma (ADN de cadeia simples vs. ADN de cadeia dupla) (Tejada *et al.*, 1984). Foi demonstrado que a coloração fluorescente AO é mais fiável em mamíferos, e permite uma maior sensibilidade do que a coloração Giemsa comummente utilizada (Hayashi *et al.*, 1983; Tinwell e Ashby, 1989; Nersesyan *et al.*, 2006).

Foram identificados três tipos de padrões de coloração: espermatozóides verdes (ADN de cadeia dupla), espermatozóides amarelos e vermelhos (ADN de cadeia simples). Este método de coloração por fluorescência de espermatozóides tratados com calor, ácido ou ambos. Foi sugerido como um teste valioso para determinar a fertilidade masculina humana para avaliar a sua resistência à desnaturação do ADN com o procedimento simplificado. Espalhar uma gota de sémen (amostras de swim-up) nas lâminas de vidro e deixar secar ao ar. Os esfregaços são fixados em metanol/ácido acético (3:1). Em seguida, corar com 2-3 cc de solução de laranja de acridina %19 em citrato de fosfato durante 10 minutos em cada lâmina. Os espermatozóides são então avaliados com um microscópio de fluorescência. As cabeças de esperma foram subdivididas em dois tipos, primeiro as que apresentavam uma coloração verde e segundo as que apresentavam uma coloração vermelha ou uma coloração vermelha definida (por vezes amarelo-alaranjado), como recomendado (Tejada *et al.*, 1984).

A estratégia de coloração um a um permite uma pontuação rápida das lâminas coradas. A utilização de AO e do ensaio de micronúcleos (MN) pode ser pontuada seletivamente em eritrócitos imaturos (Ueda *et al.*, 1992; Cavas e Ergene-Gozukara , 2005; Cavas, 2008).

1.2.6.2 Relação entre a ativação de espermatozóides *in vitro* e o laranja de acridina

A ativação de espermatozóides in vitro é um passo muito importante na técnica laboratorial que desempenha um papel importante na determinação do resultado das tecnologias de reprodução assistida, como a inseminação intra-uterina (IUI) (Vande voort, 2004). Para o diagnóstico da fertilidade e da infertilidade masculinas, a fragmentação do ADN dos espermatozóides foi considerada um procedimento importante (Bungum, 2011).

Espermatozóides maduros tratados com laranja de acridina quando são completamente ricos em ligações dissulfureto. Dados inconclusivos relatados em estudos nos quais a análise de espermatozóides humanos foi realizada usando coloração com laranja de acridina. Os homens que ejaculam >50% de espermatozóides ricos em ligações dissulfeto têm uma capacidade de fertilização significativamente maior na FIV convencional em comparação com homens que têm uma alta proporção de espermatozóides pobres em ligações dissulfeto (Hoshi *et al.*, 1996). Foi observada uma correlação positiva entre a taxa de fertilização após FIV convencional e o rácio de aumento do tipo verde (percentagem de espermatozóides com padrão verde após coloração com laranja de diamida-acridina/percentagem de espermatozóides com padrão verde após coloração com laranja de acridina) (Katayose *et al.,* 2003). Além disso, os pacientes com um valor de teste de laranja de acridina superior a 24% tiveram taxas de fertilização de oócitos significativamente mais elevadas do que os pacientes com valores inferiores em FIV e/ou transferência intra-falopiana de gâmetas (GIFT) (Claassens *et al.,* 1992). Além disso, o grau de maturidade nuclear dos espermatozóides (avaliado pela coloração com laranja de acridina) pode prever a fertilização ou os resultados da gravidez após a FIV padrão e a ICSI. Além disso, não há diferença significativa no grau de coloração com laranja de acridina entre as pacientes com ou sem fertilização ou gravidez bem-sucedida (Angelopoulos *et al.,* 1998).

Capítulo 2

Materiais e métodos

2.1 Temas

Oitenta e sete amostras de sémen foram colhidas aleatoriamente de homens férteis e inférteis durante a sua frequência no High Institute for Infertility Diagnosis and Assisted Reproductive Technologies/ Al- Nahrain University. A idade média dos indivíduos foi de (32,034 ± 0,57) anos e a duração média da infertilidade foi de (4,644 ± 0,25) anos. Este estudo foi realizado de novembro de 2013 a junho de 2014.

2.2 Materiais

2.2.1 Ferramentas e equipamentos essenciais

As ferramentas e os equipamentos utilizados no estudo são enumerados no quadro (2-1)

Tabela (2-1): Ferramentas e equipamentos utilizados no estudo.

Ferramentas e equipamentos	Empresa / Origem
Pipeta automática	Slamed, Alemanha
Centrifugadora	EBA20 Hettich, Alemanha
Microscópio fluorescente	BEL Photonic, Itália
Incubadora	Te Termaks, Noruega
Fluxo de ar laminar	Lab Companion, Alemanha
Microscópio de luz	Por-via. Hb. Japão
Lâminas preparadas para microscópio e lamínulas	Marca de vela, China
Medidor de pH	Verificador Hanna
Tubo cónico de poliestireno 15ml	Falcon, EUA
Equilíbrio sensível	BL-2105, Alemanha

2.2.2 Produtos químicos

Os produtos químicos utilizados no estudo estão listados na tabela (2-2)

Tabela (2-2): Produtos químicos utilizados no estudo.

Produtos químicos	Empresa /Origem
Coloração com laranja de acridina	Sigma, Deisenhofen, Alemanha
Cloreto de cálcio-hidratado	BDH, Inglaterra
Ácido cítrico	Panreac, Espanha
Coenzima Q10	Ultimate Nutrition co; Japão

Água destilada	Samara, Iraque
Ácido acético glacial	Scharlau, Espanha
Albumina de soro humano 100mg/ml	Life Global, EUA
Fosfato de sódio hidratado	BDH, Inglaterra
Ácido clorídrico 0,1N	BDH, Inglaterra
L-carnitina	Harbin Yee Kong Herb Inc.; Austrália
Cloreto de magnésio	HIMEDIA, Índia
Metanol	Ajax, Áustria
Cloreto de potássio	BDH, Inglaterra
Bicarbonato de sódio	Panreac, Espanha
Cloreto de sódio	GCC.UK
Pirovato de sódio	PROLABO, França

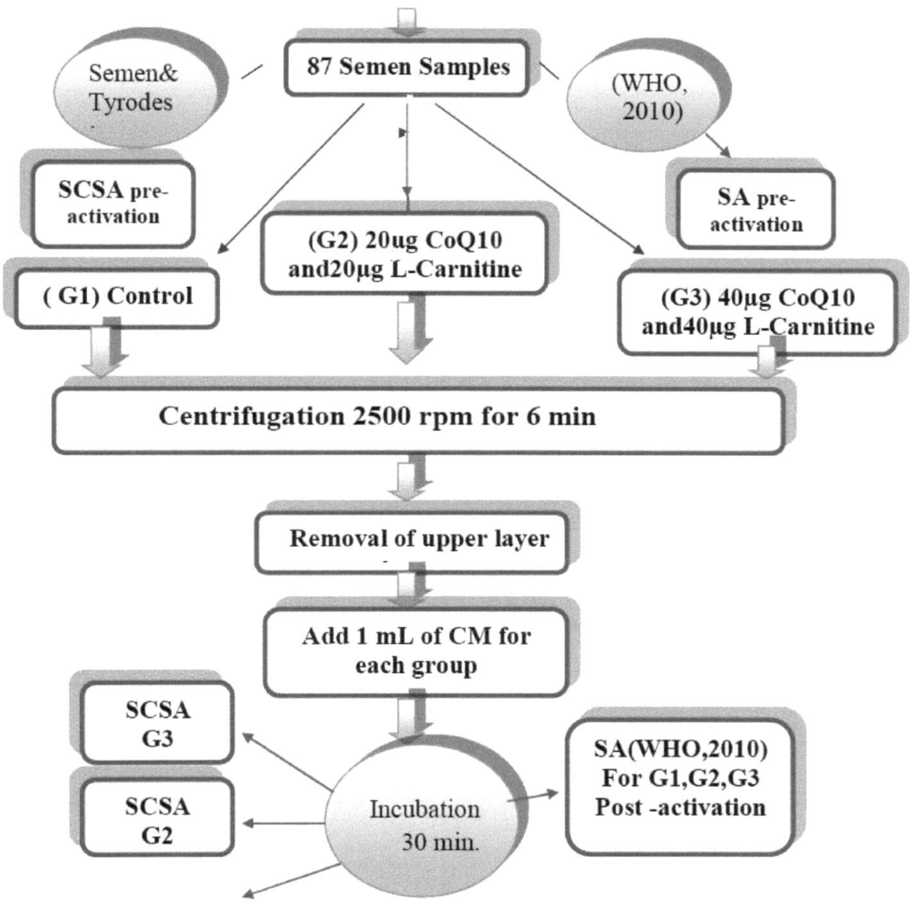

* CM= Meio de cultura

* SA= Análise do sémen

* SCSA = ensaio estrutural da cromatina do esperma

Figura (2-1) Conceção experimental

2.4 Métodos

2.4.1 Preparação do meio de cultura SMART-Pro

O meio simples para ART (SMART- Pro) foi preparado dissolvendo os produtos químicos mencionados na tabela (2-3). De seguida, o valor do pH foi ajustado para 7,3- 7,4. Posteriormente, o meio de cultura foi filtrado com filtros (Millipore) (0,22 µm) e armazenado a 5°C, antes de ser utilizado, exposto à luz ultravioleta (U.V.) (Fakhrildin e Flayyih, 2011).

Tabela (2-3): Os produtos químicos e a quantidade utilizada para a preparação do meio de cultura SMART- Pro.

Chemicals	The amounts
Bicarbonate	29mM
Na-lactate	3.2g
NaCL	6.0g
$CaCL_2$	0.27g
KCL	0.4g
Na-pyruvate	0.01g
Human serum albumin (HSA)	5%
Penicillin	100IU/mL
Streptomycin	100µg/mL
Distilled water	500mL
Phenol red	0.5g
Vit A	0.0003 g/mL
Vit B1	0.00001 g/mL

Vit B2	0.000015 g/mL
Vit B6	0.00001 g/mL
Vit B12	0.00005 g/mL
Vit D3	0.000032 g/mL
Vit E	0.00005 g/mL
Vit K3	0.00002 g/mL
Panthote	0.0001g/mL
Histidine	0.00001g/mL
Isoleucine	0.00001 g/mL
Leucine	0.00004 g/mL
Lysine	0.00007 g/mL
Methionine	0.0001 g/mL
Phenylalanine	0.00003 g/mL
Threonine	0.00001 g/mL
Valine	0.00003 g/mL
Alanine	0.00013 g/mL
Arginine	0.00013 g/mL
Aspartic acid	0.00006 g/mL
Glutamic acid	0.00013 g/mL
Glycine	0.00008 g/mL
Proline	0.00004 g/mL
Serine	0.00001 g/mL
Tyrosine	0.00001 g/mL

2.4.2 Preparação da L-carnitina e da Coenzima Q10

Foi utilizado um pó de L-carnitina (peso molecular da L-carnitina 161,199 g/mol) e de Coenzima Q10 (peso molecular da Coenzima Q10 863,358 g/mol) para a preparação da solução de reserva (L-carnitina - Coenzima Q10), dissolvendo 0,0237 g de Coenzima Q10 e 0,02485 g de L-carnitina em 5 ml de meio SMART-Pro com uma concentração final de 50 ml.

Para a preparação do grupo tratado com baixa concentração (G2; 20pg), 0,5 ml da solução de reserva foi diluído com 49,5 ml de meio SMART-Pro. Assim, cada ml contém 20 µg de L-carnitina e CoQ10. Em seguida, 1,0 mL da solução estoque foi adicionado a 49 mL de meio SMART-Pro para a preparação do grupo tratado com alta concentração (G3; 40pg). Por conseguinte, cada ml contém 40 µg de L-carnitina e CoQ10.

2.4.3 Análise do sémen (OMS, 2010)

2.4.3.1 Recolha de sémen

Todas as amostras de sémen foram colhidas após (3-5) dias de abstinência, diretamente numa placa de Petri descartável, limpa, seca e esterilizada, por masturbação, numa sala privada e tranquila adjacente ao laboratório de análise de sémen. Cada placa de Petri foi etiquetada com o nome da pessoa, a idade, o período de abstinência e a hora da recolha da amostra. As amostras foram colocadas numa incubadora a 37°C durante 30 minutos para permitir a liquefação (NAFA e ESHRE, 2002). O sémen liquefeito é depois cuidadosamente misturado durante alguns segundos para homogeneizar e, em seguida, submetido a exames macroscópicos e microscópicos no prazo de uma hora após a colheita, de acordo com o manual da OMS (1999). A norma da OMS (2010) é utilizada para registar os pormenores dos resultados da análise do sémen (Quadro 2-4).

Tabela (2-4): Limites normais de referência para as caraterísticas do sémen de acordo com os critérios da OMS (2010).

Patient name:	Lab. References No.
Patient age:	Examination date:
day of abstinence:	Time of examination:
Time of collection:	File No.
Macroscopic Examination	**Normal Value**
Volume	1.5 mL
Color	Grey-opalescent
Liquefaction time	≤ 60 minute
Viscosity	< 2 cm.
pH	≥ 7.2
Microscopic Examination	**Normal Value**
Sperm concentration (million/mL)	15 m/mL
Total sperm motility (PR+NP, %)	40 %
Progressive sperm motility (PR, %)	32 %
Total sperm number (million/ejaculate)	39 m/ejaculate
Sperm morphology (normal forms, %)	30 % *
Sperm agglutination (%)	<10%
Round cells (WBCs + Germ cells)	<5 cells\HPF
Others: RBCs+Epithelial cells)	NIL\HPF

*Utilizando a OMS 1999

2.4.3.2 Exame macroscópico
1-Aspeto do sémen

O sémen de aspeto normal é cinzento-opalescente ou cinzento-esbranquiçado a amarelo e homogéneo. Se a concentração de espermatozóides for muito baixa, pode parecer menos opaco. A cor também pode ser diferente, ou seja, quando os glóbulos vermelhos estão presentes, a cor é castanho-avermelhada (hemoespermia), ou amarela num homem com iterícia ou a tomar certas vitaminas ou alguns medicamentos (OMS, 2010).

2-Volume do sémen

O volume da amostra de sémen por ejaculado foi medido com uma aproximação de 0,1 ml com um tubo de centrifugação graduado ou uma pipeta (NAFA e ESHRE, 2002). O volume normal deve ser igual ou superior a 1,5 ml (OMS, 2010). O volume do sémen foi registado como hipovolémico se o volume fosse inferior a 1 ml ou como hipervolémico se o volume fosse superior a 6 ml (Comhaire *et al.,* 1995).

3-Tempo de liquefação do sémen

A amostra de sémen normal liquefaz-se num período inferior a 30 minutos a 37°C. Em alguns casos, as amostras de sémen podem não se liquefazer, provavelmente devido a uma fraca atividade da próstata ou a partículas de gel ou estrias de muco (NAFA e ESHRE, 2002). A amostra deve ser bem misturada no recipiente original antes do exame microscópico, onde a mistura insuficiente é provavelmente um dos principais contribuintes para erros na determinação da concentração de espermatozóides (OMS, 2010).

4-pH do sémen

O pH foi medido imediatamente após a liquefação do sémen e determinado com papel de pH. Uma gota de sémen é espalhada uniformemente sobre o papel de pH (intervalo: pH 6,1 a 10,0). Em 30 segundos, a cor da zona impregnada deve ser uniforme e é comparada com a tira de calibração para ler o pH. O pH normal do sémen é ligeiramente alcalino, variando entre (7,2-8 ,2) (OMS, 2010).

5-Viscosidade do sémen

Para a medição da viscosidade, a amostra liquefeita pode ser estimada através de uma aspiração suave para uma pipeta de 5 ml de diâmetro largo, deixando depois o sémen cair por gravidade e observando o comprimento do fio. Uma amostra normal deixa a pipeta sob a forma de pequenas gotas discretas. Se a viscosidade for anormal, a gota formará um fio com mais de 2 cm de comprimento (OMS, 2010).

2.4.3.3 Exame microscópico

Esta avaliação foi efectuada no prazo de 1 hora após a ejaculação. Foi colhida uma gota de 10pL de sémen liquefeito e bem misturado com uma pipeta automática Eppendorff ou uma pipeta Pasteur, montada numa lâmina quente e coberta com uma lamela padrão (22x22) mm (OMS, 2010). A preparação foi analisada sob ampliação de uma lente objetiva de 40 X e examinada quanto aos seguintes parâmetros.

1- Concentração de espermatozóides

A concentração de espermatozóides por mililitro (mL) foi estimada a partir do número médio de espermatozóides em 10 campos microscópicos aleatórios e multiplicando o número médio pelo fator de um milhão (Hinting, 1989). A concentração de espermatozóides foi calculada a partir do número médio de espermatozóides em cinco campos microscópicos de alta potência sob ampliação de (40X). Cada espermatozoide por campo corresponde à concentração de 1 milhão de espermatozóides/mL (NAFA e ESHRE, 2002). A contagem total de espermatozóides foi obtida através da multiplicação da concentração de espermatozóides pelo volume de sémen. A amostra de sémen com concentração inferior a 15 milhões/mL foi considerada como uma amostra de sémen oligozoospérmico (OMS, 2010).

> **Sperm concentration (million/mL) =No. of sperms × multiplication factor (1 million)**

2- Motilidade dos espermatozóides e atividade de grau

Para limitar os efeitos deletérios da desidratação, pH ou mudanças de temperatura na motilidade, a motilidade dos espermatozóides no sémen deve ser avaliada o mais rapidamente possível após a liquefação da amostra, de preferência aos 30 minutos, mas em qualquer caso dentro de 1 hora, após a ejaculação (OMS, 2010). O número de espermatozóides móveis nos cinco campos selecionados aleatoriamente foi contado longe da borda da lamela. Pelo menos cem espermatozóides foram contados. O número médio de espermatozóides progressivamente móveis foi calculado. O grau de atividade dos espermatozóides foi definido como aqueles com movimento progressivo para a frente que mostrou um ganho de espaço definido ou uma velocidade linear aproximada. Espermatozóides não progressivos foram definidos como os espermatozóides móveis que não mostraram ganho de espaço definido ou velocidade linear, e incluíram os espermatozóides que mostraram apenas batimentos flagelares fracos. Espermatozóides imóveis foram aqueles que não mostraram nenhum movimento flagelar. Portanto, a estimativa da percentagem de motilidade dos espermatozóides e o grau de atividade foram calculados de acordo com a seguinte fórmula (valores normais):

> **Sperm motility(%) = Number of sperms in specific motility / Total number of sperms × 100**

3- Morfologia do esperma

O exame de espermatozóides morfologicamente normais foi realizado usando as mesmas lâminas preparadas para a motilidade espermática. O espermatozoide normal tem uma cabeça de forma oval com uma parte anterior clara (acrossoma 40-70% da área da cabeça) e uma região posterior mais escura. Pelo menos 100 espermatozóides foram calculados dividindo o número médio de espermatozóides normais em campos de microscopia de alta potência sob ampliação de (40X). A amostra de sémen com menos de 30% da morfologia espermática normal foi classificada como teratozoospérmica (OMS, 2010).

4- Aglutinação dos espermatozóides

A aglutinação de espermatozóides significa que os espermatozóides móveis aderem uns aos outros cabeça com cabeça, cauda com cauda ou de forma mista, por exemplo, cabeça com cauda. A aderência de espermatozóides imóveis uns aos outros ou de espermatozóides móveis a fios mucosos. Células que não sejam espermatozóides, ou detritos são considerados agregação não específica em vez de aglutinação e devem ser registados como tal (OMS, 2010). Para estimar a percentagem de aglutinação de espermatozóides, é utilizada a seguinte fórmula:

$$\text{Agglutinated sperm (\%)} = \text{No. of agglutinated sperms / Total number of sperms} \times 100$$

5- Contagem de células redondas

O número de células redondas nas amostras de sémen foi estimado através da contagem do seu número médio em 5 campos microscópicos aleatórios e multiplicado por um fator de 1 milhão. O valor do número de células redondas foi contado utilizando o método de campo de alta potência (HPF). A amostra de sémen com <5 células redondas/ HPF foi considerada normal (OMS, 1999; 2010).

2.4.4 Avaliação do índice de fragmentação do ADN (DFI)

Os esfregaços de cada amostra de sémen foram preparados em lâminas de vidro e secos ao ar durante cerca de 20 minutos. Cada esfregaço foi fixado durante a noite a 4°C na solução de Carnoy, preparada recentemente com metanol e ácido acético glacial numa proporção de 3:1 (Tejada *et al.*, 1984). Depois disso, as lâminas foram removidas do fixador e deixadas secar ao ar durante alguns minutos antes da coloração. Todas as soluções devem ser preparadas à temperatura ambiente sob luz fraca e o pH da coloração foi ajustado para 2,5. As lâminas foram coradas com corante laranja de acridina (0,2 mg/mL). Solução de AO (10 mL de AO a 1% em água destilada adicionada a uma mistura de 40 mL de ácido cítrico 0,1 M e 2,5 mL de 0.3 M Na_2HPO_4, $7H_2O$) durante 5 min.

A solução de reserva foi armazenada no escuro a 4°C, e a solução de trabalho da coloração AO deve ser preparada diariamente. Em seguida, foram lavadas com uma corrente de água destilada para remover a coloração de fundo. Deixou-se secar, montou-se e colocou-se uma lamela de vidro de 22x50 mm. As lâminas foram lidas no mesmo dia da coloração com um microscópio de fluorescência (40X), que estava equipado com um filtro de excitação de 460-490 nm e um filtro de barreira de 520 nm. A percentagem de espermatozóides com ADN normal foi determinada pela contagem de pelo menos 200 espermatozóides num microscópio de fluorescência com uma ampliação total de 400. Os espermatozóides com um conteúdo normal de ADN apresentam uma fluorescência verde, enquanto os espermatozóides com um conteúdo anormal de ADN emitem fluorescência num espetro que varia do amarelo-verde ao vermelho.

A percentagem de espermatozóides com cromatina intacta foi calculada dividindo o número de espermatozóides com coloração verde pelo número total de espermatozóides e multiplicando o resultado por 100. O princípio deste teste é que a AO tem sido utilizada para marcar o ácido nucleico em solução e em células intactas. A fragmentação do ADN é quantificada utilizando o Índice de Fragmentação do ADN (IFD), que expressa a quantidade de ADN fragmentado em percentagem do ADN total.

2.5 Análise estatística

Os dados foram analisados estatisticamente usando o software SPSS/PC versão 18 (SPSS, Chicago). Os parâmetros espermáticos pré e pós-ativação espermática *in vitro* e os grupos de homens inférteis foram analisados utilizando o desenho aleatório completo (CRD) (ANOVA de uma via).

O modelo matemático foi

$Y_{ij} = \mu + T_i + e_{ij}$.

Onde

Y_{ij}= variáveis dependentes (parâmetros espermáticos).

μ = média global.

T_i= (pré e pós-ativação *in vitro* utilizando o meio Pro-SMAT com diferentes concentrações de (L-carnitina e CoQ10).

e_{ij}= termo de erro.

As diferenças entre médias foram calculadas utilizando o teste de intervalos múltiplos de Duncan (Duncan, 1955).

Capítulo 3

Resultados

3.1 Caraterísticas descritivas

Oitenta e sete homens foram envolvidos neste estudo. A idade média dos indivíduos foi de 32,034 ± 0,57 anos, com um intervalo de 21-51 anos. No entanto, a duração média da infertilidade foi de 4,644 ± 0,25 anos, variando entre 1 e 12 anos.

Os parâmetros macroscópicos e microscópicos da SA para os indivíduos e a fragmentação do DNA do esperma são mostrados na (Tabela 3-1). Nesta tabela, o volume do sémen, o tempo de liquefação do sémen, o pH do sémen, a concentração de espermatozóides, a motilidade dos espermatozóides (%), a motilidade progressiva dos espermatozóides (%) e a morfologia normal dos espermatozóides (%) estavam dentro dos limites normais de acordo com os critérios da OMS (2010), exceto a aglutinação dos espermatozóides (%) e a contagem de células redondas, que eram superiores ao limite normal dos critérios recomendados pela OMS (2010).

De acordo com os critérios recomendados pela OMS (2010), todas as amostras examinadas foram classificadas em vários factores de infertilidade masculina (MIFs). Para além dos indivíduos normozoospérmicos, neste estudo, os MIFs incluem astenozoospermia, teratozoospermia e astenoteratozoospermia.

Tabela (3-1): Parâmetros do sémen dos homens envolvidos neste estudo (Média ± S.E).

Semen Parameters		Mean±S.E	WHO(2010) criteria
Semen volume (mL)		2.699±0.08	1.5 mL
Semen liquefaction time (minute)		46.609±1.13	$\leq$ 60 minute
Semen pH		7.632±0.03	$\geq$ 7.2
Sperm concentration (Millions /mL)		59.678 ±2.86	$\geq$ 15
Sperm motility (%)		67.974±1.18	$\geq$ 40%
Sperm grade activity (%)	Progressive Motility	43.256±1.57	$\geq$ 32%
	Non-progressive Motility	24.527±1.07	
	Immotile sperm	32.182±1.20	
Total progressive sperm millions/mL		68.044±3.97	
Normal sperm morphology (%)		35.092 ± 0.97	$\geq$ 30% (WHO,1992)
Sperm agglutination (%)		24.736 ± 2.50	< 10%
Round cells count(HPF)		8.857±0.52	< 5 cells\HPF
Sperm DNA fragmentation (%)		24.363 ±2.40	< 30

*Número de sujeitos = (87).

3.1.1 Tipo de infertilidade

A Figura (3-1) mostra os números e as percentagens de indivíduos de acordo com o tipo de infertilidade. Neste estudo, o número de indivíduos com o tipo primário de infertilidade foi de 47 com uma percentagem de 54%, enquanto que no tipo secundário de infertilidade, o número de indivíduos foi de 40 com uma percentagem de 46%.

A Tabela (3-2) mostra os parâmetros do sémen para pacientes inférteis primários e secundários. Em geral, não foram observadas diferenças significativas (P>0,05) entre os grupos de pré-ativação primária e secundária em todos os parâmetros do sêmen, exceto nas porcentagens de motilidade espermática, motilidade não progressiva e espermatozóides imóveis. Uma diminuição significativa (P < 0,05) foi observada no grupo de pré-ativação secundária para ambas as porcentagens de motilidade espermática e motilidade não progressiva em comparação com o grupo primário. Foi observado um aumento significativo (P<0,05) na percentagem de espermatozóides imóveis no grupo de pré-ativação secundária em comparação com o grupo de pré-ativação primária.

A Figura (3-2) mostra as percentagens de fragmentação do ADN dos espermatozóides da ativação espermática pré-in *vitro* para os grupos de tipo de infertilidade. Não foram observadas diferenças significativas (P>0,05) entre os grupos com infertilidade primária e secundária. No entanto, a menor percentagem de fragmentação do ADN foi observada no grupo de tipo de infertilidade secundária.

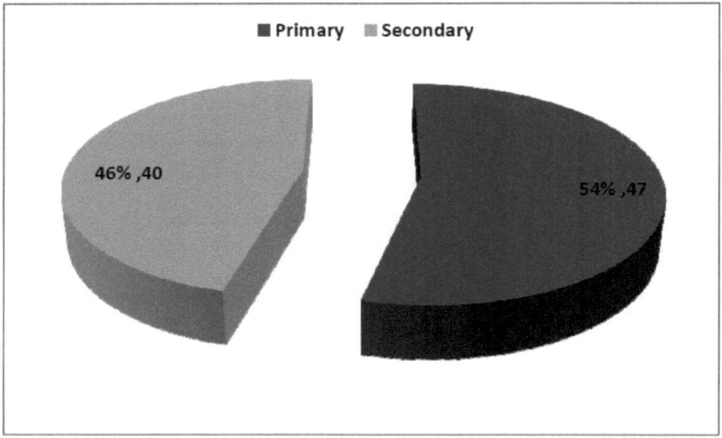

Figura (3-1): Frequência e distribuição dos indivíduos de acordo com o tipo de infertilidade.

Tabela (3-2): Parâmetros do sémen da ativação espermática pré-in *vitro* de indivíduos inférteis.

Semen Parameters		Type of infertility	
		Primary	Secondary
Semen volume (ml)		2.621 a ±0.11	2.790 a ±0.13
Liquefaction Time (minute)		47.250 a ±1.64	46.064 a ±1.57
PH		7.630 a ±0.04	7.634 a ±0.04
Sperm concentration millions/mL		56.511 a ±3.14	63.400 a ±4.99
sperm motility (%)		70.548 a ±1.56	64.950 b ±1.69
Sperm grade activity (%)	Progressive sperm motility	44.171 a ±2.12	42.204 a ±2.34
	Non Progressive sperm motility	26.353 a ±1.38	22.381 b ±1.64
	Immotile sperm	29.430 b ±1.56	35.416 a ±1.73
Total progressive sperm millions/mL		65.276 a ±5.19	71.296 a ±6.13
Normal sperm morphology (%)		36.234 a ±1.42	33.750 a ±1.29
Agglutination (%)		3.783 a ±0.84	3.733 a ±0.81
Round cells count (HPF)		7.936 a ±0.59	6.850 a ±0.86

*Os valores são (média ± E.S.).

*Número de indivíduos com infertilidade primária = (47).

*Número de indivíduos com infertilidade secundária = (40).

*As médias com diferentes sobrescritos em cada linha são significativamente diferentes (P<0,05).

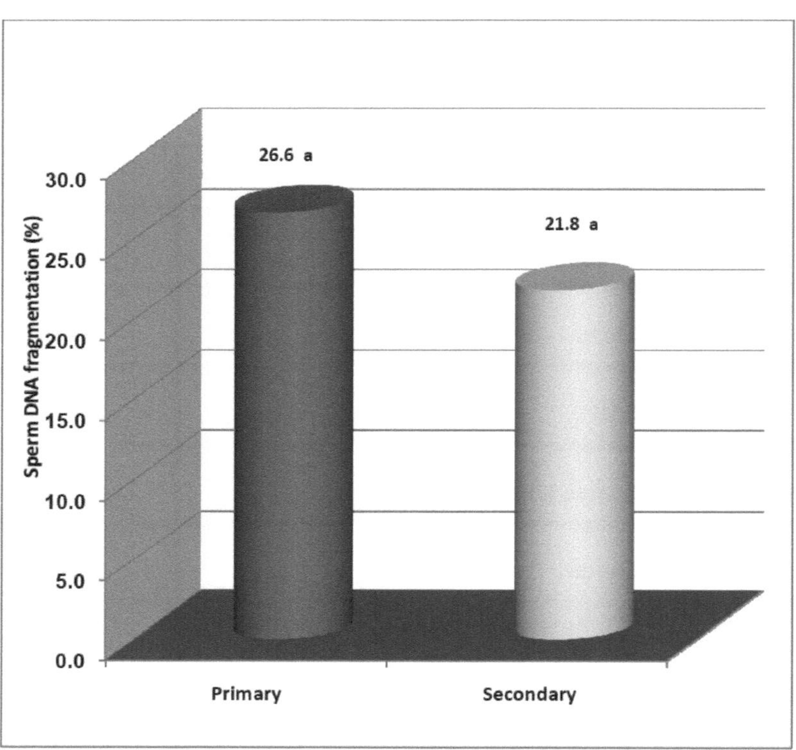

Figura (3-2) Fragmentação do ADN (%) da ativação espermática *pré-in vitro* classificada de acordo com o tipo de infertilidade.

*As médias com sobrescritos semelhantes dentro de cada coluna não são significativamente diferentes (P>0,05).

3.1.2 Grupo etário

Os números e as percentagens dos grupos etários dos sujeitos deste estudo são apresentados na figura (3-3). O número de indivíduos com 30 anos de idade ou menos foi de 22 e a percentagem foi de 25%. Enquanto que o número de indivíduos com idades compreendidas entre os 30 e os 39 anos foi de 60, com uma percentagem de 69%, também os doentes com 40 anos ou mais foram 5 e a percentagem foi de 6%.

Os parâmetros do sémen (pré ativação de esperma *in vitro*) para os grupos etários são apresentados na (Tabela 3-3). Os pacientes foram classificados de acordo com a sua idade em três grupos etários. O primeiro grupo etário era < 30 anos, enquanto o segundo grupo etário tinha cerca de 30-39 anos e o último grupo etário era ≥ 40 anos. Não foram observadas diferenças significativas (P>0,05) no volume de sémen (ml), pH do sémen, % de motilidade espermática, % de motilidade espermática progressiva, % de espermatozoides imóveis e total de espermatozoides progressivos (milhões/mL) entre todos os grupos etários. Também foi observado um aumento significativo (P<0,05) no tempo de liquefação (minuto), concentração de espermatozóides (milhões/mL), aglutinação de espermatozóides (%) e contagem de células redondas no grupo etário ($\geq$ 40 anos) em comparação com outros grupos. No entanto, não foram observadas diferenças significativas (P> 0,05) entre os grupos etários (< 30 anos) e (30-39 anos) nos mesmos parâmetros anteriores. Além disso, não foram observadas diferenças significativas (P>0,05) entre os grupos etários (<30 anos) e os outros dois grupos etários na motilidade espermática não progressiva (%), enquanto um aumento significativo (P<0,05) foi observado entre os grupos etários (30-39 anos) e ($\geq$ 40 anos) no mesmo parâmetro. Na morfologia espermática normal (%), não foram observadas diferenças significativas (P>0,05) entre o grupo etário (< 30 anos) e o grupo etário ($\geq$ 40 anos). Por outro lado, uma diminuição significativa (P < 0,05) foi observada entre os grupos etários (30-39 anos) e (< 30 anos), enquanto um aumento significativo (P < 0,05) foi observado entre os grupos etários ($\geq$ 40 anos) e (30-39 anos).

A Figura (3-4) mostra as percentagens de fragmentação do ADN dos espermatozóides antes da ativação para os grupos etários. Não foram observadas diferenças significativas (P> 0,05) entre o primeiro grupo etário (< 30) anos e o terceiro grupo ($\geq$ 40) anos. Também foi observado um aumento significativo (P<0,05) entre o grupo etário (30-39 anos) e os outros dois grupos etários antes da ativação. A percentagem mais elevada de fragmentação do ADN foi observada no grupo etário dos (30-39 anos). A menor percentagem de fragmentação do ADN foi registada no grupo etário (< 30 anos).

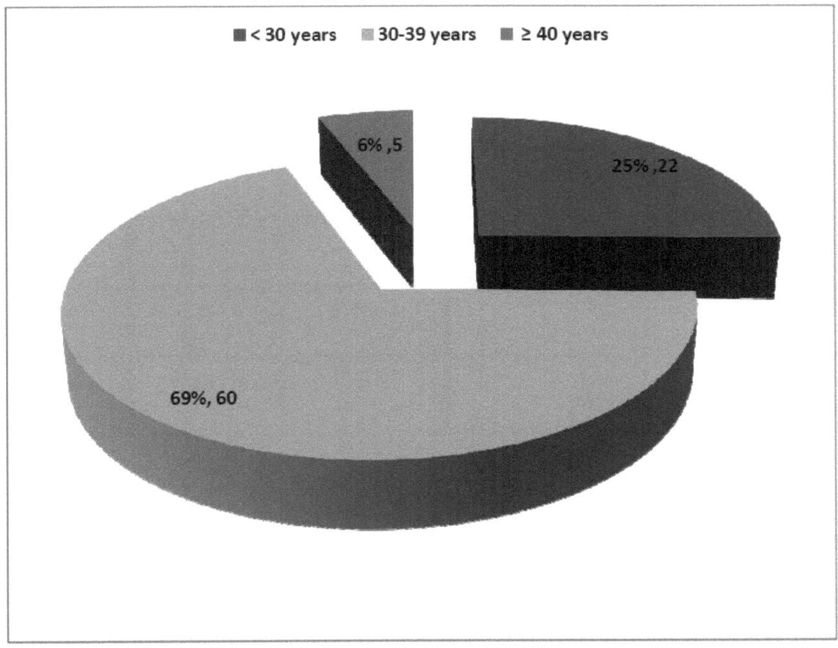

Figura (3-3): Frequência e distribuição dos indivíduos classificados de acordo com os grupos etários.

Tabela (3-3): Parâmetros do sémen da ativação espermática *pré-in vitro* classificados de acordo com os grupos etários.

Semen Parameters		Age groups (years)		
		< 30	30-39	≥ 40
Semen volume (ml)		2.536 a ±0.15	2.813 a ±0.11	2.040 a ±0.04
Liquefaction time (minute)		45.909 b ±2.12	46.083 b ±1.39	56.000 a ±2.92
Semen pH		7.609 a ±0.06	7.637 a ±0.04	7.680 a ±0.07
Sperm concentration millions/mL		54.818 b ±5.15	57.700 b ±3.24	104.800 a ±6.87
Sperm motility (%)		68.527 a ±2.01	67.771 a ±1.52	67.980 a ±4.09
Sperm grade activity(%)	Progressive sperm motility	42.710 a ±2.42	43.930 a ±2.05	37.460 a ±4.24
	Non progressive sperm motility	25.655 ab ±1.71	23.614 b ±1.40	30.520 a ±2.30
	Immotile sperm	31.473 a ±2.01	32.456 a ±1.55	32.020 a ±4.09
Total Progressive sperm millions/mL		61.265 a ±7.11	69.602 a ±5.07	79.170 a ±8.81
Normal sperm morphology (%)		39.227 a ±2.18	33.183 b ±1.08	39.800 a ±1.59
Sperm agglutination (%)		4.359 b ±1.51	3.680 b ±0.60	7.080 a ±1.98
Round cells count (HPF)		7.818 b ±0.84	6.983 b ±0.64	11.200 a ±1.74

*Os valores são (média ± E.S.).

*Número de indivíduos com grupo etário ≤ 30 = (22).

*Número de indivíduos do grupo etário 30-39 = (60).

*Número de indivíduos com grupo etário ≥ 40 = (5).

*As médias com diferentes sobrescritos em cada linha são significativamente diferentes (P<0,05).

*As médias com sobrescritos semelhantes em cada linha não são significativamente diferentes (P>0,05).

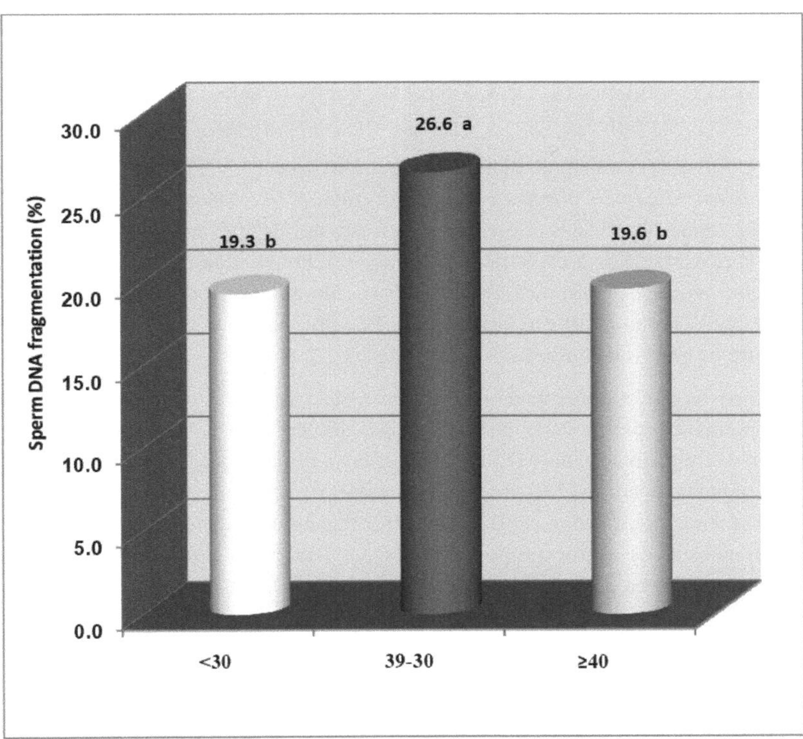

Figura (3-4) Fragmentação do ADN (%) da ativação espermática pré-in vitro classificada de acordo com os grupos etários (anos).

*As médias com diferentes sobrescritos em cada coluna são significativamente diferentes (P<0,05).

*As médias com sobrescritos semelhantes em cada coluna não são significativamente diferentes (P>0,05).

3.1.3 Duração da infertilidade

A figura (3-5) mostra os números e as percentagens da duração da infertilidade das doentes inférteis. Este estudo teve cinco grupos de duração da infertilidade, o número de doentes com dois anos ou menos de duração da infertilidade foi de 14 e a percentagem foi de 16%. O número de doentes com (3-4) anos foi de 35 e a percentagem foi de 40%. Além disso, o número de doentes com (5-6) anos foi de 23 e a percentagem foi de 27%. O número de doentes com (7-8) anos de duração da infertilidade foi de 9, e a percentagem foi de 10%. O último grupo foi o de 9 anos ou mais, com apenas 6 e uma percentagem de 7%.

O resultado de todos os parâmetros do sémen dos grupos de duração da ativação espermática *pré-in vitro* para a infertilidade é apresentado na (Tabela 3-4). Ficou claro que não houve diferenças significativas (P>0,05) no volume de sémen (ml), pH do sémen, concentração de espermatozóides milhões/mL, motilidade espermática (%), motilidade espermática progressiva (%), espermatozóides imóveis (%), espermatozóides progressivos totais milhões/mL, aglutinação de espermatozóides (%) e contagem de células redondas entre todos os grupos, Por outro lado, não houve diferenças significativas (P>0.05) diferenças no tempo de liquefação entre os grupos (≤ 2, 3-4, 5-6 e ≥ 9). Por outro lado, foi registado um aumento significativo (P<0,05) entre o grupo de 7-8 anos e os outros grupos.

Além disso, foi observada uma diminuição significativa (P<0,05) nas percentagens de motilidade espermática não progressiva entre o grupo ≥ 9 e todos os outros grupos. Em contraste, não foram observadas diferenças significativas (P>0,05) entre os grupos (≤ 2, 3-4, 5-6 e 7-8). Para a morfologia espermática normal (%), houve uma diminuição significativa (P<0,05) entre os grupos (7-8) e (5-6). Além disso, um aumento significativo (P<0,05) foi observado entre o grupo (≥ 9) e o grupo (7-8). Por fim, não houve diferença significativa (P>0,05) entre os grupos de duração da infertilidade (≤ 2, 3-4 e 5-6).

A Figura (3-6) mostra a percentagem de fragmentação do ADN dos espermatozóides da ativação espermática pré-in *vitro* para os grupos de duração da infertilidade. A maior percentagem de fragmentação do ADN foi observada no primeiro grupo (≤ 2) anos entre todos os grupos. Enquanto o grupo (7-8) anos teve a menor percentagem do que os outros grupos. Houve um aumento significativo (P<0,05) na percentagem de fragmentação do ADN entre o grupo (≤ 2) anos e os outros grupos de duração. Por outro lado, houve um aumento significativo (P<0,05) na porcentagem de fragmentação do DNA no grupo de (5-6) anos em comparação com os grupos de (7-8) anos. Também foi observado um aumento significativo (P<0,05) entre os grupos (≥ 9) e (7-8) anos. Além disso, diferenças não significativas (P>0,05) foram observadas para os grupos de (3-4) e (7-8) anos. Finalmente, não foram observadas diferenças significativas (P>0,05) entre os grupos (5-6) e (≥ 9) anos.

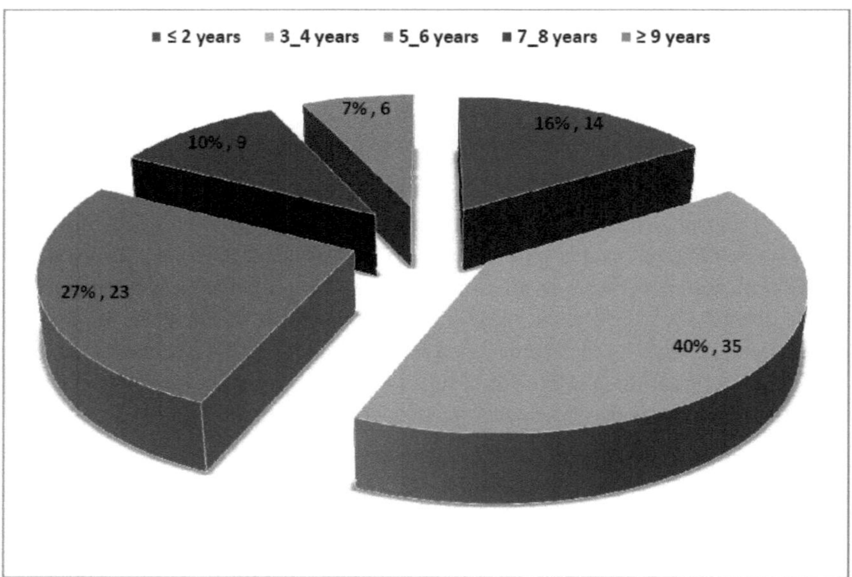

Figura (3-5): Frequência e distribuição dos indivíduos classificados de acordo com a duração

42

da infertilidade.

Tabela (3-4): Parâmetros espermáticos da ativação espermática pré-in vitro classificados de acordo com os grupos de duração da infertilidade.

Sperm parameter		Infertility duration (years)				
		≤ 2	3-4	5-6	7-8	≥ 9
Semen volume (ml)		2.479 a ±0.167	2.809 a ±0.165	2.643 a ±0.097	2.889 a ±0.341	2.500 a ±0.198
Liquefaction Time (minute)		45.714 b ±3.095	46.571 b ±1.724	44.130 b ±2.281	52.222 a ±2.373	50.000 ab ±5.000
PH		7.621 a ±0.076	7.666 a ±0.047	7.578 a ±0.061	7.556 a ±0.075	7.783 a ±0.065
Sperm concentration millions/mL		54.929 ab ±4.705	64.886 a ±5.021	59.783 ab ±5.506	47.333 b ±7.876	58.500 ab ±12.638
sperm motility (%)		67.364 a ±3.356	65.813 a ±1.746	70.847 a ±2.146	69.889 a ±2.300	68.117 a ±7.410
Sperm grade activity (%)	Progressive sperm motility	40.964 a ±4.187	40.819 a ±2.234	46.230 a ±3.231	43.500 a ±4.578	51.550 a ±7.345
	Non Progressive sperm motility	26.400 a ±2.714	24.606 a ±1.519	24.614 a ±2.435	26.389 a ±3.209	16.567 b ±3.336
	Immotile sperm	32.636 a ±3.356	34.575 a ±1.806	29.153 a ±2.146	30.111 a ±2.300	31.883 a ±7.410
Total Progressive sperm millions/mL		56.871 a ±8.884	71.541 a ±6.501	71.270 a ±7.630	58.441 a ±12.403	75.750 a ±17.274
Normal sperm morphology (%)		37.929 ab ±3.889	35.200 bc ±1.018	32.522 b ±1.972	34.111 c ±3.057	39.167 a ±1.222
Agglutination (%)		3.314 a ±1.413	4.946 a ±1.049	3.413 a ±0.950	4.189 a ±1.301	5.233 a ±3.038
Round cells count (HPF)		8.000 a ±1.005	6.724 a ±0.958	5.652 a ±0.852	6.222 a ±1.245	7.333 a ±0.843

*Os valores são (média ± E.S.).

*Número de indivíduos com duração da infertilidade ≤ 2 = (14).

*Número de indivíduos com infertilidade de duração 3-4 = (35).

*Número de indivíduos com infertilidade de duração 5-6 = (23).

*Número de indivíduos com infertilidade de duração 7-8 = (9).

*Número de indivíduos com duração da infertilidade ≥ 9 = (6).

*As médias com diferentes sobrescritos em cada linha são significativamente diferentes (P<0,05).

*As médias com sobrescritos semelhantes em cada linha não são significativamente diferentes (P>0,05).

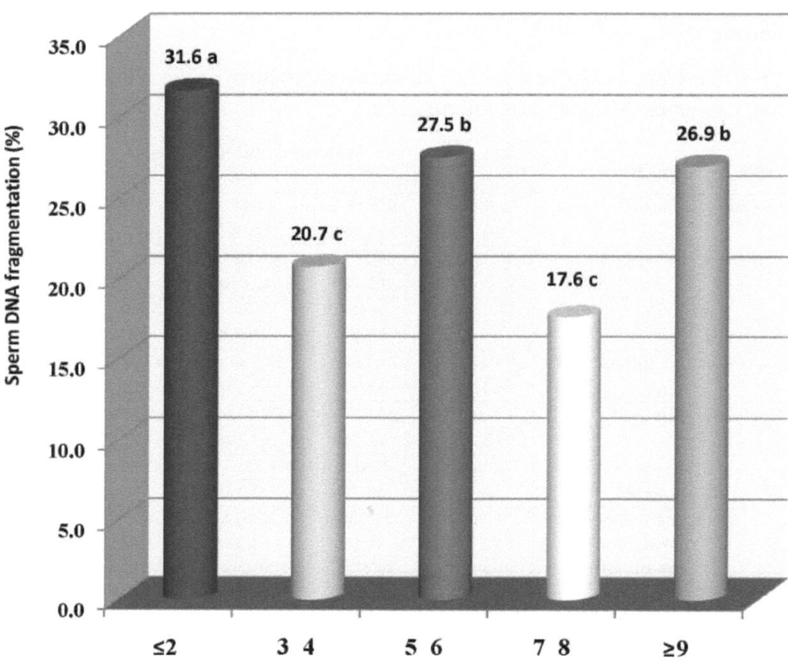

Figura (3-6): Fragmentação do ADN (%) dos espermatozóides pré-ativação *in vitro* classificados de acordo com a duração da infertilidade.

*As médias com diferentes sobrescritos em cada coluna são significativamente diferentes (P<0,05).

*As médias com sobrescritos semelhantes em cada coluna não são significativamente diferentes (P>0,05).

3.2 Comparação dos parâmetros do sémen antes e depois da ativação espermática *in vitro*

Os resultados de todas as amostras de sémen pós-ativação revelaram uma diminuição significativa (P<0,05) na concentração de espermatozóides, motilidade espermática não progressiva%, espermatozóides imóveis % e motilidade espermática progressiva total milhões/mL. Enquanto, um aumento significativo (P<0,05) na percentagem de motilidade espermática, motilidade espermática progressiva e morfologia espermática normal em comparação com a pré-ativação (Tabela 3-5). Além disso, as percentagens de motilidade espermática, motilidade progressiva e espermatozóides imóveis não mostraram diferença significativa (P> 0,05) na pós-ativação após a utilização do meio SMART-Pro suplementado com 20µg (G2) ou 40pg (G3) de L-carnitina e CoQ10 em comparação com o grupo de controlo (G1). Os resultados para a motilidade espermática não progressiva % e motilidade espermática progressiva total milhões/mL. para os grupos de 40µg (G3) foram significativamente (P<0,05) diminuídos quando comparados com o grupo de controlo (G1) sem diferenças significativas (P>0,05) entre o grupo de 20µg (G2). Além disso, um aumento significativo (P<0,05) na percentagem de morfologia espermática normal no grupo de 40µg

(G3) em comparação com o grupo de controlo (G1), sem diferenças significativas (P>0,05) com o grupo de 20µg (G2). No entanto, o grupo de 40µg (G3) proporciona uma melhoria nas percentagens de motilidade progressiva, esperma imóvel e morfologia normal do esperma em comparação com o grupo de 20µg (G2) sem diferenças significativas (P> 0,05).

A Figura (3-7) mostrou a influência do meio SMART-Pro sozinho ou uma combinação de duas concentrações de L-carnitina e CoQ10 (20µg ou 40µg) na fragmentação do ADN do esperma para todas as amostras de sémen. No que diz respeito à fragmentação do ADN do esperma, foi observada uma diminuição significativa (P<0,05) entre a pós e a préactivação. Foi demonstrada uma melhor leitura após a ISA no grupo de 20µg (G2) em comparação com o grupo de controlo (G1) e o grupo de 40µg (G3), sem diferenças significativas (P>0,05) entre os grupos.

Tabela (3-5): Parâmetros do sémen antes e depois da ativação de esperma *in vitro* utilizando o meio SMART-Pro enriquecido com duas concentrações de L-carnitina e CoQ10 para todos os indivíduos.

Sperm Parameters		Pre - activation	Post- activation		
			Control G1	20µg L-carnitine and CoQ10 G2	40µg L-carnitine and CoQ10 G3
Sperm concentration millions/mL		58.383 a ±2.92	31.062 b ±2.69	25.580 c ±2.53	23.802 c ±2.55
Sperm motility (%)		67.698 b ±1.25	98.821 a ±0.45	98.263 a ±1.14	98.406 a ±0.40
Sperm grade activity(%)	Progressive sperm motility	43.257 b ±1.68	91.066 a ±1.31	93.182 a ±1.00	94.589 a ±0.87
	Non Progressive sperm motility	24.236 a ±1.14	7.755 b ±1.07	5.939 bc ±0.83	5.188 c ±0.86
	Immotile sperm	32.470 a ±1.27	1.179 b ±0.45	0.638 b ±0.28	0.223 b ±0.07
Total progressive sperm millions/mL		67.807 a ±4.19	28.614 b ±2.55	24.205 bc ±2.42	22.754 c ±2.44
Normal sperm morphology (%)		34.790 c ±1.03	91.643 b ±1.58	95.264ab ±1.18	97.716 a ±0.36

*Os valores são (Média ± E.S.).

*Número de sujeitos = (87).

***As médias** com diferentes sobrescritos em cada linha são significativamente diferentes (P<0,05).

*As médias com sobrescritos semelhantes em cada linha não são significativamente diferentes (P>0,05).

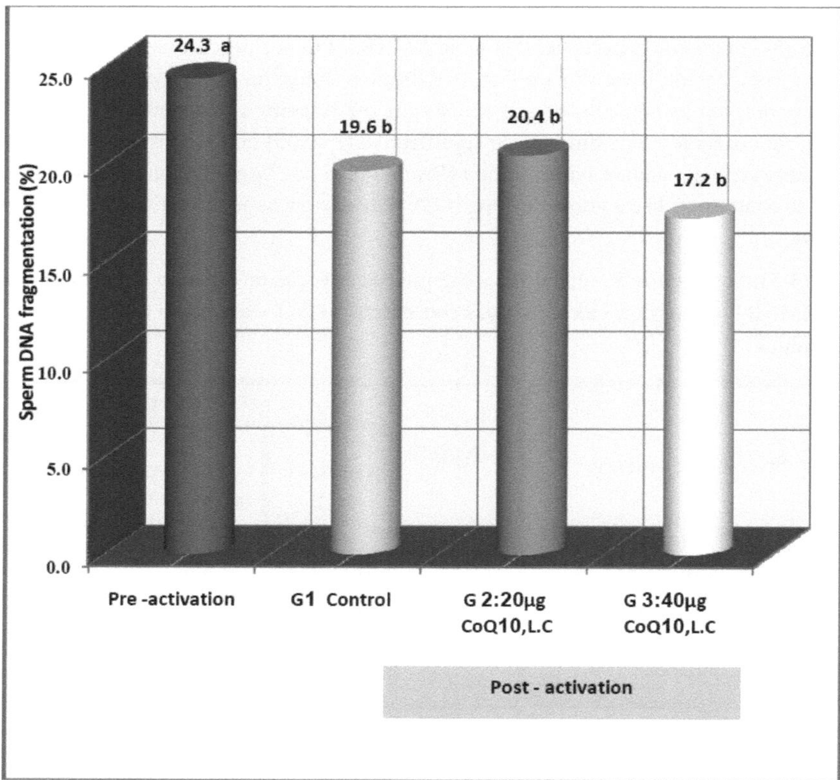

Figura (3-7) Fragmentação do ADN (%) da ativação pré- e pós-espermatozoide *in vitro* utilizando o meio SMART-Pro enriquecido com (20pg, 40pg) de L-carnitina e CoQ10 no esperma de todos os indivíduos.

*As médias com diferentes sobrescritos em cada coluna são significativamente diferentes (P<0,05).

*As médias com sobrescritos semelhantes em cada coluna não são significativamente diferentes (P>0,05).

3.3 Efeito da L-Carnação e da CoQ10 nos parâmetros do sémen humano e na percentagem de fragmentação do ADN de grupos de doentes inférteis classificados de acordo com os factores de infertilidade masculina

A Figura (3-8) mostra os números e as percentagens dos grupos de factores de infertilidade dos homens neste estudo. Quatro grupos de factores de infertilidade, o grupo normozoospérmico é o primeiro, o seu número foi de 60 e a percentagem foi de 69%. Enquanto o número de doentes com astenozoospermia foi de 9, com uma percentagem de

10%, o número de doentes com teratozoospermia foi de 11, com uma percentagem de 13%. O último grupo foi o da astenoteratozoospermia. O número de doentes foi de 7 e a percentagem foi de 8%.

Figura (3-8): Frequência e distribuição dos indivíduos classificados de acordo com os factores de infertilidade masculina.

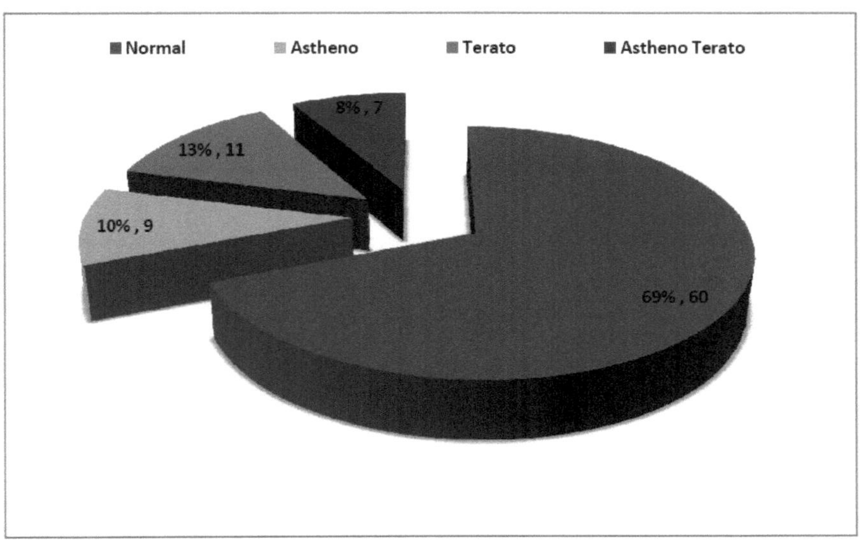

3.3.1 Amostras de sémen normozoospérmico

Ficou claro a partir dos resultados na tabela (3-6) que todos os parâmetros de esperma para o grupo normozoospérmico têm diferenças significativas (P<0,05) após a ativação de esperma *in vitro* usando o meio SMART-Pro separadamente ou suplementado com duas concentrações de L-carnitina e CoQ10 após um período de incubação de 30 minutos em comparação com a pré ativação. Verificou-se que as percentagens de concentração de espermatozóides, motilidade não progressiva, espermatozóides imóveis e espermatozóides progressivos totais (milhões/mL) diminuíram significativamente (P<0,05) em comparação com a pré-ativação. Por outro lado, as percentagens de motilidade dos espermatozóides, motilidade progressiva e morfologia normal dos espermatozóides aumentaram significativamente (P<0,05) após a ISA, em comparação com a pré-ativação. Além disso, não foi observada nenhuma diferença significativa (P>0,05) na pós-ativação entre os três grupos de indivíduos normozoospérmicos.

A Figura (3-9) mostra as percentagens de fragmentação do ADN dos espermatozóides nos grupos pré e pós-ativação. Os resultados mostraram uma diminuição significativa (P<0,05) da percentagem de ADN fragmentado dos espermatozóides no grupo G3 pós-ativação, em comparação com a préactivação. Os resultados também mostraram que não houve diferenças significativas (P>0,05) entre os três grupos pós-ativação. No entanto, o grupo G2 apresentou uma percentagem mais elevada de ADN espermático fragmentado, enquanto o grupo G3 apresentou a percentagem mais baixa de ADN espermático fragmentado.

Tabela (3- 6): Parâmetros espermáticos da ativação espermática pré e *pós-in vitro* utilizando o meio SMART-Pro enriquecido com duas concentrações de L-carnitina e CoQ10 para indivíduos normozoospérmicos.

Sperm Parameters		Pre - activation	Post- activation		
			Control G1	20µg L-Carnitine and CoQ10 G2	40µg L-Carnitine and CoQ10 G3
Sperm concentration millions/mL		60.150 a ±3.22	33.667 b ±3.24	27.600 b ±3.10	26.350 b ±3.22
Sperm motility (%)		70.578 b ±1.29	99.150 a ±0.34	97.988 a ±1.50	99.115 a ±0.30
Sperm grade activity(%)	Progressive sperm motility	48.624 b ±1.47	92.978 a ±1.25	94.110 a ±0.91	95.523 a ±0.85
	Non Progressive sperm motility	21.766 a ±1.12	6.173 b ±1.07	5.370 b ±0.81	4.175 b ±0.82
	Immotile sperm	29.649 a ±1.33	0.850 b ±0.34	0.528 b ±0.18	0.302 b ±0.09
Total Progressive sperm millions/mL		75.416 a ±4.57	31.067 b ±3.04	26.036 b ±2.93	25.193 b ±3.07
Normal sperm morphology (%)		38.367 b ±0.89	95.575 a ±1.24	97.250 a ±0.94	98.305 a ±0.35

* Os valores são (Média±S.E).

* Número de doentes com normozoospermia = (60).

* As médias com diferentes sobrescritos em cada linha são significativamente diferentes (P<0,05).

* As médias com sobrescritos semelhantes em cada linha não são significativamente diferentes (P>0,05).

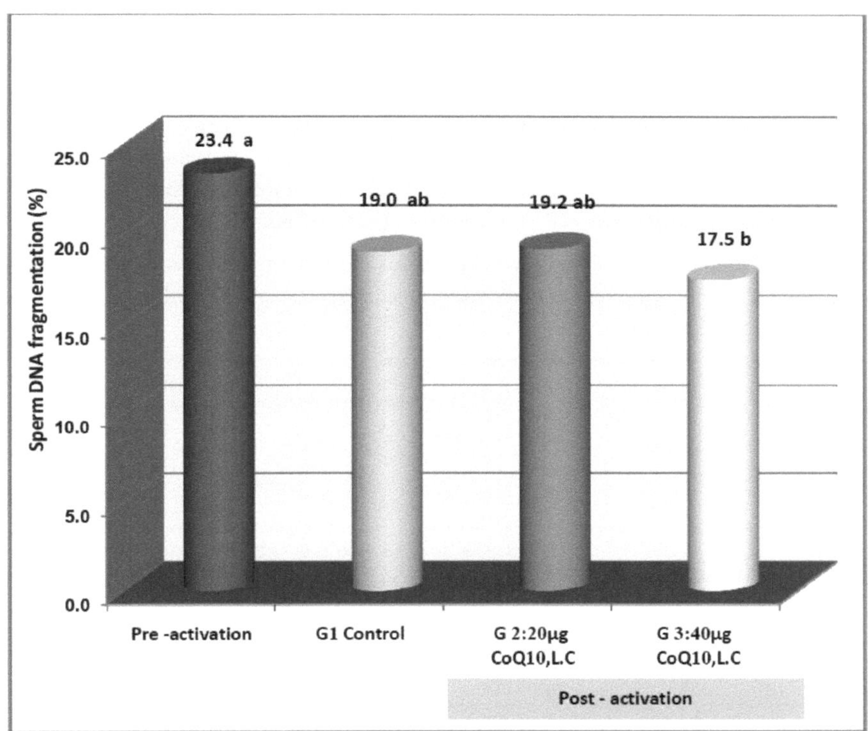

Figura (3-9): Fragmentação do DNA (%) da ativação espermática pré e pós- *in vitro* usando o meio SMART-Pro enriquecido com (20µg, 40µg) de L- carnitina e CoQ10 em espermatozóides de indivíduos normozoospérmicos.

*As médias com diferentes sobrescritos em cada coluna são significativamente diferentes (P<0,05).

*As médias com sobrescritos semelhantes dentro de cada coluna não são significativamente diferentes (P>0,05).

3.3.2 Amostras de sémen astenozoospérmico

As amostras de sémen de astenozoospérmicos que foram tratadas com o meio SMART Pro-enriquecido com (20µg, 40µg) de L-carnitina e (20µg, 40µg) de CoQ10 ou sem durante 30 minutos, tiveram uma diminuição significativa (P<0,05) na concentração de espermatozóides, motilidade espermática não progressiva (%), espermatozóides imóveis (%) e espermatozóides progressivos totais (milhões/mL) quando comparados com os seus valores de pré-ativação. Entretanto, a percentagem de motilidade dos espermatozóides, a motilidade progressiva dos espermatozóides e a morfologia normal dos espermatozóides dos grupos pós-ativação aumentaram significativamente (P<0,05) em relação ao grupo pré-ativação. Na pós-ativação, não houve diferenças significativas (P>0,05) entre os três grupos, exceto nos espermatozóides imóveis (%), que diminuíram significativamente (P<0,05) no grupo G3 em comparação com os outros dois grupos (Tabela 3-7).

Após a ativação *in vitro* dos espermatozóides com o meio SMART-Pro enriquecido com L-carnitina e CoQ10 ou apenas com o meio SMART-Pro, a fragmentação do ADN dos espermatozóides dos doentes astenospérmicos utilizando o teste AO, mostrou uma diminuição significativa (P<0,05) da percentagem de ADN fragmentado dos espermatozóides para todos os grupos após a ativação, em comparação com a préactivação. No entanto, após a ISA, a leitura mais baixa foi mostrada no grupo G2 em comparação com os grupos G1 e G3, sem diferenças significativas (P>0,05) entre os grupos (Figura 3-10).

Tabela (3-7): Parâmetros do sémen pré e pós-ativação de espermatozóides *in vitro* utilizando o meio SMART-PRO enriquecido com duas concentrações de L-carnitina e CoQ10 para pacientes astenozoospérmicos.

Semen Parameters		Pre-activation	Post-activation		
			Control G1	20µg L-Carnitine andCoQ0 G2	40µg L-Carnitine andCoQ0 G3
Sperm concentration millions/mL		48.833 a ±13.16	17.500 b ±7.13	11.000 b ±2.58	15.167 b ±4.48
Sperm motility (%)		52.233 b ±4.39	95.917 a ±4.08	96.667 a ±3.33	100.000 a ±0.00
Sperm grade activity(%)	Progressive sperm motility	20.017 b ±2.19	82.983 a ±7.27	82.883 a ±7.49	90.617 a ±2.29
	Non Progressive sperm motility	32.217 a ±3.11	12.933 b ±3.93	10.450 b ±5.03	9.383 b ±2.29
	Immotile sperm	47.767 a ±4.39	4.083 b ±0.08	3.333 b ±0.33	0.000 c ±0.00
Total progressive sperm millions/mL		33.030 a ±6.78	14.950 b ±7.03	9.798 b ±2.86	13.936 b ±4.27
Normal sperm morphology (%)		33.333 b ±0.88	84.533 a ±9.47	88.483 a ±6.63	98.500 a ±1.02

*Os valores são (Média ± E.S.).

*Número de doentes com astenenozoospermia = (9).

*As médias com diferentes sobrescritos em cada linha são significativamente diferentes (P<0,05).

*As médias com sobrescritos semelhantes em cada linha não são significativamente diferentes (P>0,05).

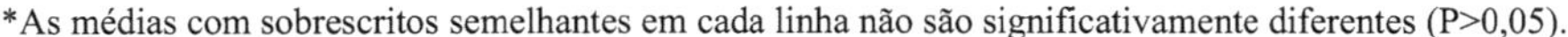

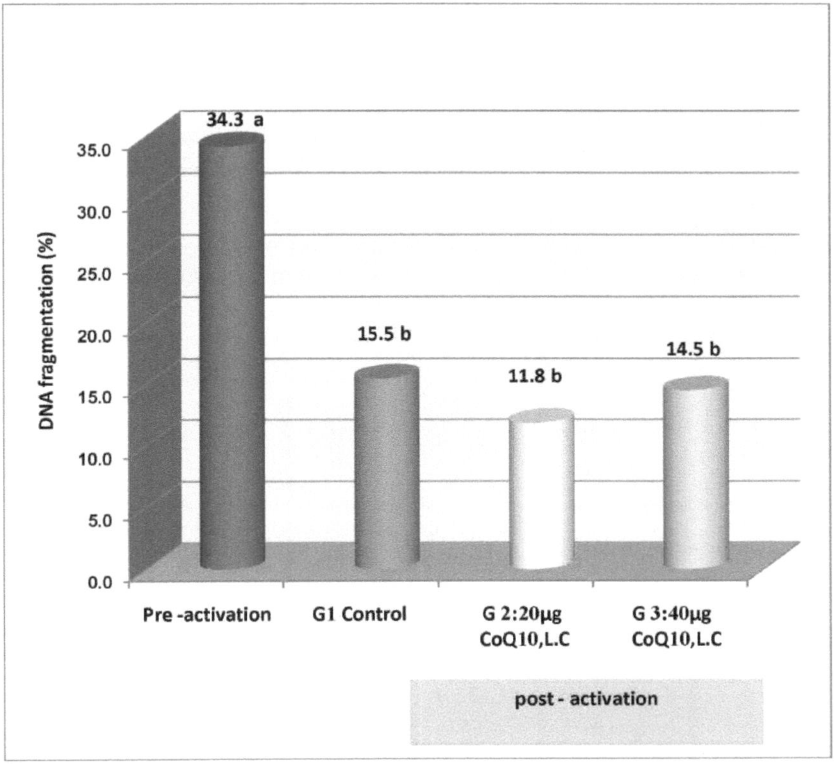

Figura (3-10): Fragmentação DND (%) da ativação espermática pré e pós *in vitro* usando o meio SMART-Pro enriquecido com (20µg, 40µg) de L-carnitina e CoQ10 para pacientes astenozoospérmicos.

* As médias com diferentes sobrescritos em cada coluna são significativamente diferentes (P<0,05).

* As médias com sobrescritos semelhantes em cada coluna não são significativamente diferentes (P>0,05).

3.3.3 Amostras de sémen teratozoospérmico

A Tabela 3-8 mostra os resultados dos parâmetros do sémen dos pacientes com teratozoospermia envolvidos neste estudo. Verificou-se um aumento significativo (P<0,05) nas percentagens de motilidade espermática, motilidade progressiva e morfologia espermática normal após a ativação espermática *in vitro* para os grupos G1, G2 e G3 de doentes inférteis, em comparação com a préactivação. Entretanto, os resultados da morfologia normal do esperma (%) indicaram significativamente (P<0,05) no grupo G3 em comparação com o grupo G1. Não se registaram diferenças significativas (P>0,05) entre os grupos da glândula G2. Além disso, verificou-se que a concentração de espermatozóides, a motilidade não progressiva (%), os espermatozóides imóveis (%) e o total de espermatozóides progressivos (milhões/mL) diminuíram significativamente (P<0,05) em comparação com a pré-ativação.

Ficou claro na (Figura 3-11) que a fragmentação do ADN do esperma utilizando o teste AO teve uma diminuição significativa (P<0,05) após a ISA utilizando o meio SMART-Pro separadamente no grupo G3 em comparação com a pré-ativação. Não houve diferenças significativas (P>0,05) entre os grupos G1 e G2 em comparação com a pré-ativação. Os resultados também mostraram que o grupo G2 tinha uma percentagem mais elevada do que os outros grupos na pós-ativação, não havendo também diferenças significativas (P>0,05) entre G1 e G2 na pós-ativação. Por outro lado, verificou-se uma diminuição significativa (P<0,05) entre o grupo G3 e os outros dois grupos após a ativação.

Tabela (3-8): Parâmetros do sémen pré e pós ativação espermática *in vitro* utilizando o meio SMART-Pro enriquecido com duas concentrações de L-carnitina e CoQ10 para pacientes com teratozoospermia.

Sperm Parameters		Pre - activation	Post- activation		
			Control G1	20µg L-Carnitine and CoQ10 G2	40µg L-Carnitine and CoQ10 G3
Sperm concentration millions/mL		66.222 a ±10.08	32.667 b ±6.74	32.444 b ±6.38	24.556 b ±5.20
Sperm motility (%)		66.211 b ±2.40	97.778 a ±2.22	100.000 a ±0.00	92.778 a ±2.00
Sperm grade activity (%)	Progressive sperm motility	42.122 b ±2.57	89.467 a ±5.60	92.822 a ±3.79	93.556 a ±4.61
	Non progressive sperm motility	24.089 a ±3.28	8.311 b ±4.38	7.178 b ±3.79	6.444 b ±4.61
	Immotile sperm	33.789 a ±2.40	2.222 b ±0.22	0.000 b ±0.00	0.000 b ±0.00
Total Progressive sperm millions/mL		73.206 a ±12.74	30.598 b ±6.67	31.423 b ±6.44	23.928 b ±5.40
Normal sperm morphology (%)		19.000 c ±1.75	80.378 b ±5.95	91.278 ab ±6.10	95.633 a ±1.22

*Os valores são (média ± E.S.).

*Número de doentes com teratozoospermia = (11).

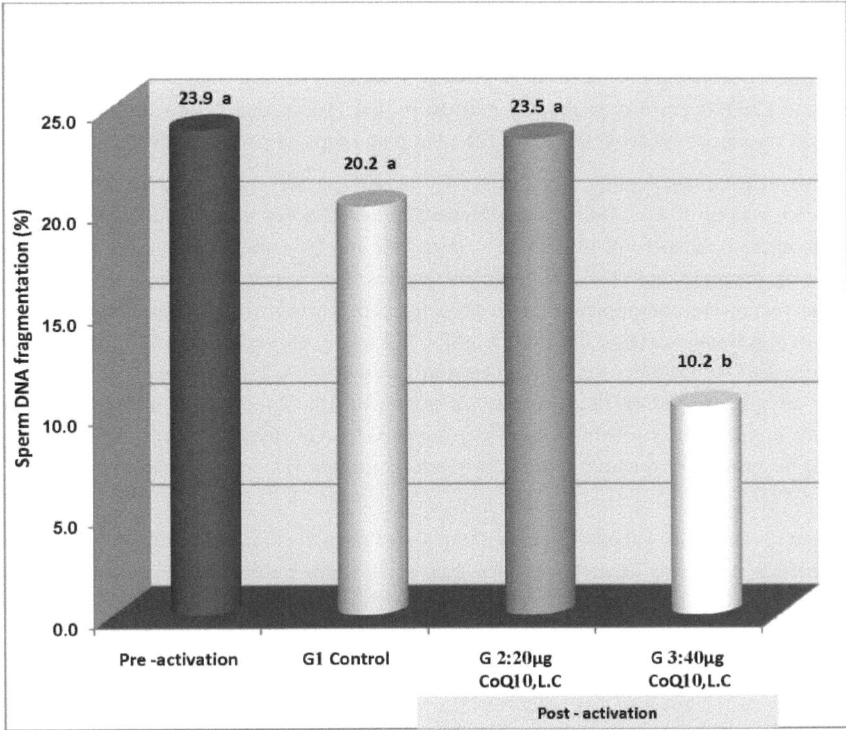

Figura (3-11): Fragmentação do DNA (%) da ativação espermática pré e pós- *in vitro* usando o meio SMART-Pro enriquecido com (20 µm, 40 µm) de L- carnitina e CoQ10 em espermatozóides de pacientes teratozoospérmicos.

* As médias com diferentes sobrescritos em cada coluna são significativamente diferentes (P<0,05).

* As médias com sobrescritos semelhantes em cada coluna não são significativamente diferentes (P>0,05).

3.3.4 Amostras de sémen de astenoteratozoospérmicos

Os resultados da AS para todos os pacientes astenoteratozoospérmicos envolvidos neste estudo foram mostrados na tabela (3-9). Houve uma diminuição significativa (P<0,05) na concentração de espermatozóides, motilidade espermática não progressiva (%), espermatozóides imóveis (%) e milhões/mL de espermatozóides progressivos totais. Ao mesmo tempo, houve um aumento significativo (P<0,05) nas percentagens de motilidade espermática, motilidade progressiva e morfologia espermática normal após a ativação, em comparação com os resultados anteriores à ativação. Por outro lado, não foram avaliadas diferenças significativas (P>0,05) entre todos os grupos tratados nas percentagens de motilidade dos espermatozóides e de espermatozóides imóveis. Além disso, foi observada uma diminuição significativa (P<0,05) na concentração de espermatozóides, na motilidade não progressiva dos espermatozóides (%) e no total de espermatozóides progressivos entre o grupo G3 e o grupo tratado com G1 após a ativação. Enquanto um aumento significativo (P<0,05) foi encontrado em ambas as porcentagens de motilidade espermática progressiva e morfologia espermática normal usando o meio SMART-Pro com duas concentrações de L-carnitina e CoQ10 entre o grupo G3 e o grupo G1. Além disso, não foram observadas diferenças significativas (P>0,05) entre G2 e G3 para todos os parâmetros.

Após a ativação *in vitro* com o meio SMART-Pro enriquecido com L- carnitina e CoQ10 ou apenas com o meio SMART-Pro, a fragmentação do ADN dos espermatozóides de doentes com astenoteratozoospermia utilizando o teste AO mostrou uma diminuição significativa (P<0,05) da percentagem de ADN fragmentado dos espermatozóides nos grupos G1 e G3 após a ativação, em comparação com a préactivação. Por outro lado, não foram avaliadas diferenças significativas (P>0,05) entre o grupo G2 na pós-ativação quando comparado com a pré-ativação. Os resultados também mostraram que o grupo G2 tinha uma percentagem mais elevada do que os outros dois grupos na pós-ativação. No entanto, não se registaram diferenças significativas (P>0,05) entre os grupos G1 e G3, mas um aumento significativo (P<0,05) no grupo G2 quando comparado com os grupos G1 e G3, conforme ilustrado na (Figura 3-12).

A imagem (3-1) mostra cabeças de espermatozóides normais com ADN intacto. No entanto, a imagem (3-2) mostra espermatozóides que apresentam verde, amarelo e laranja como fragmentação do ADN das cabeças dos espermatozóides.

Tabela(3-9): Parâmetros do sémen pré e pós ativação espermática *in vitro* usando o meio SMART-Pro enriquecido com duas concentrações de L- carnitina e CoQ10 para pacientes astenoteratozoospérmicos (Média ± S.E).

Semen Parameters		Pre - activation	Post- activation		
			Control G1	20µg L-Carnitine and CoQ10 G2	40µg L-Carnitine and CoQ10 G3
Sperm concentration millions/mL		38.500 a ±8.68	16.167 b ±8.13	9.667 bc ±5.89	5.833 c ±1.35
Sperm motility (%)		56.600 b ±4.62	100.000 a ±0.00	100.000 a ±0.00	98.167 a ±1.83
Sperm grade activity (%)	Progressive sperm motility	15.417 c ±1.72	82.433 b ±4.61	94.742 a ±2.33	90.767 a ±3.86
	Non Progressive sperm motility	41.183 a ±3.81	17.567 b ±4.61	5.258 c ±2.33	9.233 c ±3.86
	Immotile sperm	43.400 a ±4.62	0.000 b ±0.00	0.000 b ±0.00	0.000 b ±0.00
Total progressive sperm millions/mL		18.400 a ±6.69	14.767 a ±8.36	9.480 ab ±5.92	5.416 b ±1.41
Normal sperm morphology (%)		24.167 c ±1.99	76.333 b ±7.73	88.167 ab ±5.78	94.167 a ±2.24

*Os valores são (média ± E.S.).

*Número de doentes com astenoteratozoospermia = (7).

*As médias com diferentes sobrescritos em cada linha são significativamente diferentes (P<0,05).

*As médias com sobrescritos semelhantes em cada linha não são significativamente diferentes (P>0,05).

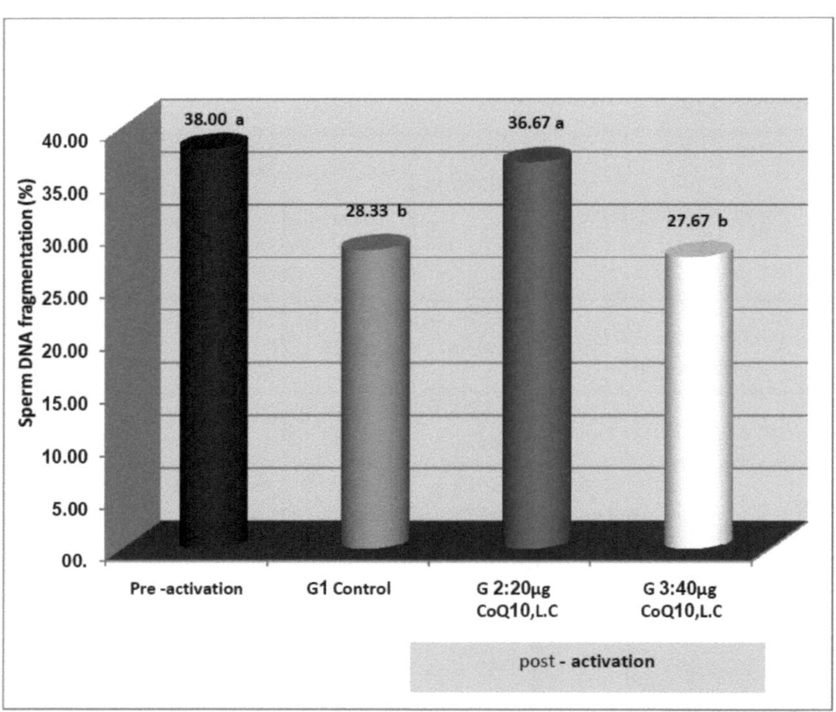

Figura (3-12): Fragmentação do ADN dos espermatozóides pré e pós-ativação *in viro* utilizando o meio SMART-Pro enriquecido com (20pg, 40pg) L-carnitina e (20µg, 40µg) CoQ10 para pacientes com astenoteratozoospermia.

* As médias com diferentes sobrescritos em cada coluna são significativamente diferentes (P<0,05).

* As médias com sobrescritos semelhantes em cada coluna não são significativamente diferentes (P>0,05).

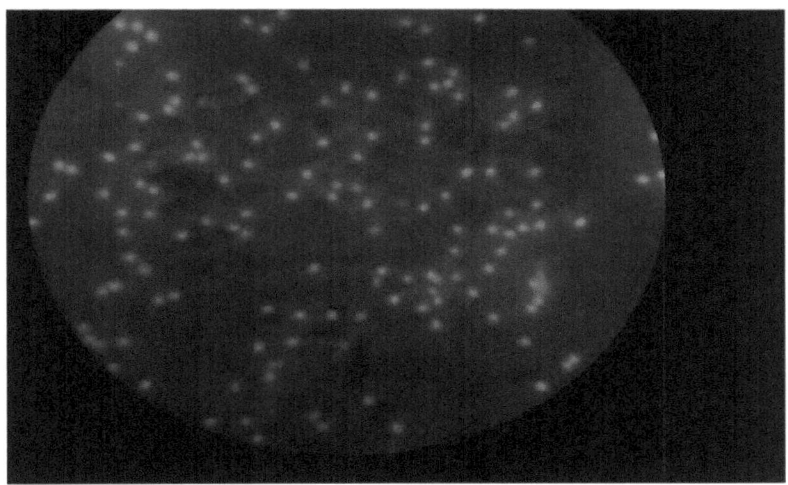

Imagem (3-1): Cabeça de esperma sob (x40) HPF exibindo fluorescência verde como normal com DNA intacto.

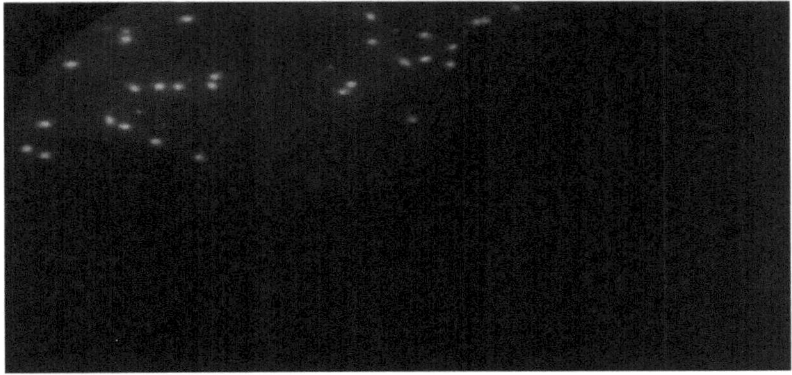

Imagem (3-2): Cabeça de esperma sob (x40) HPF mostrando DNA intacto e fragmentação anormal de esperma humano.

Capítulo 4

Discussão

Neste estudo, uma combinação de coenzima Q10 (CoQ10) e L-carnitina (baixa concentração 20µg e alta concentração 40pg) foi suplementada ao meio SMART-Pro para melhorar os parâmetros espermáticos *in vitro*. Verificou-se uma boa melhoria dos parâmetros espermáticos nos grupos tratados em comparação com o grupo de pré-ativação.

Vários factores têm sido considerados para melhorar os resultados da ativação *in vitro* através da atividade espermática, incluindo a presença de mitocôndrias em número adequado e com atividade normal (Huntington, 2001), a presença de ATP (Miodrag *et al.*, 1999). Expressão genética normal e adequada para a síntese de proteínas (Crane, 2001), integridade da membrana plasmática (Mizuno *et al.*, 2008), redução do nível de ROS (Reynolds e Hand, 2004), presença de CoQ10 (Levavasseur *et al.*, 2001), conteúdo de L- carnitina e ambiente dos meios de cultura (Dallner e Sindelar, 2000).

No presente estudo, o aumento da motilidade dos espermatozóides e a sua ativação durante a ativação *in vitro* dos espermatozóides é um passo muito importante na técnica laboratorial que desempenha um papel importante na determinação do resultado das ARTs como a IUI (Vande voort, 2004). O objetivo da preparação dos espermatozóides para as técnicas de reprodução assistida, incluindo a inseminação artificial (AIH), é maximizar as hipóteses de fertilização (Baker *et al.*, 2000).

Uma técnica de separação de espermatozóides deve produzir um elevado rendimento de espermatozóides móveis, deve ser rápida, fácil de manusear, de baixo custo e deve evitar danificar as células e eliminar espermatozóides mortos, bactérias e espécies reactivas de oxigénio (ROS) (Henkel e Schill, 2003).

No presente estudo, a técnica de centrifugação swim-up (foi aplicada para a ativação de espermatozóides *in vitro*. A centrifugação swim-up foi o método mais utilizado para separar a fração de esperma para utilização em ARTs (Enciso *et al.*, 2011). O processamento e o isolamento de espermatozóides de toda a amostra de sémen como espermatozóides altamente móveis foram experimentados com sucesso variável antes da sua utilização para ARTs (Cruz *et al.*, 1986).

A técnica de centrifugação swim-up foi utilizada neste estudo, a técnica SUP baseia-se na capacidade dos espermatozóides móveis para "nadar" para o meio de cultura, enquanto os espermatozóides lentos e imóveis permanecem para trás, juntamente com outros componentes no pellet de sémen (Alvarez *et al.*, 1993). No presente estudo, a centrifugação de esperma foi selecionada como um método para ISA, dependendo dos resultados do Shaaban (2007). Com relação à capacidade funcional do esperma, cada laboratório deve determinar a força de centrifugação e o tempo de centrifugação necessários para formar uma recuperação gerenciável de esperma (Tejada *et al.*, 1984).

Uma grande desvantagem desta técnica é o facto de que, para a sua utilização, os espermatozóides são pelletizados, entrando assim em contacto próximo célula a célula uns com os outros, detritos celulares e leucócitos, que são conhecidos por produzir níveis muito elevados de (ROS) (Ford, 1990). Além disso, foi relatada uma diminuição significativa na percentagem de espermatozóides normalmente condensados em cromatina após o procedimento de swim-up (Henkel *et al.*,1994). Lampiao *et al.* (2010) confirmaram que 10 e 30 minutos de centrifugação levaram ao aumento da produção de ROS, ROS pode desempenhar um papel benéfico na função fisiológica normal (Aitken *et al.*, 1995).

O meio SMART-Pro foi utilizado no presente estudo para a cultura de esperma *in vitro*. É referido que o sucesso da FIV tem sido altamente dependente dos eventos de pré-fertilização, que são afectados pela composição do meio de cultura (Stagimiller e Moor, 1984). Trounson e Caro (1984) demonstraram que o sucesso da FIV humana e animal depende da manutenção de condições de cultura adequadas para gâmetas e embriões desenvolvidos precocemente. Como no estudo, a motilidade dos espermatozóides aumentou com o uso de cultura *in-vitro* devido à sua natureza aquosa com menor viscosidade do que o plasma seminal, fazendo com que os espermatozóides se movam mais livremente (Makler *et al.*, 1984).

Meio SMART- Pro inventado por Fakhrildin e Flayyih (2011), o meio foi preparado com base na solução de Ringer suplementada com dois aditivos essenciais: lactato de sódio e/ou piruvato e albumina de soro humano (HSA) (5% ou 10%). Sabe-se que a albumina desempenha um papel importante na fisiologia e no metabolismo dos espermatozóides (King e Killian, 1994).

Uma fonte de proteína no meio SMART-Pro, a albumina, apoia a capacitação do esperma e/ou a capacidade de fertilização, e é a proteína de escolha para uso como suplemento de cultura de tecidos nas aplicações que requerem suplementação de proteína (Bavister *et al.*, 2003). Além disso, a albumina é considerada como meio de nutrição para os espermatozóides, as proteínas em forma de albumina que se encontram em alta concentração no plasma seminal que constitui cerca de um terço do conteúdo proteico do sémen. Quando o meio carece de proteínas, a motilidade dos espermatozóides parece ser mais negativamente influenciada (Owen e Katz, 2005)

No presente estudo, a média de todos os parâmetros espermáticos dos indivíduos, incluindo o volume do sémen, o tempo de liquefação do sémen, o pH do sémen, a concentração de espermatozóides, a motilidade espermática, a motilidade progressiva dos espermatozóides, a morfologia normal dos espermatozóides e a fragmentação do ADN dos espermatozóides antes da ativação, estavam dentro dos intervalos normais de acordo com os critérios da OMS (2010), exceto a aglutinação dos espermatozóides e a contagem de células redondas, que eram superiores aos critérios recomendados pela OMS (2010).

Os resultados do presente estudo demonstraram níveis elevados de aglutinação de espermatozóides. Este facto pode dever-se a várias razões. As infecções genitais masculinas são uma causa relevante na etiologia da infertilidade devido a anomalias na qualidade do esperma, afectando a contagem e a motilidade dos espermatozóides (Golshani *et al.*, 2006; Pellati *et al.*, 2008). Um estudo recente demonstrou que a simples presença de bactérias em amostras de sémen pode comprometer a qualidade do sémen (Moretti *et al.*, 2009). *A E. coli* é um dos microrganismos mais frequentemente isolados do ejaculado (Huerta *et al.*, 2002). Vários relatos descrevem a aglutinação e imobilização de espermatozóides por *E. coli* (Huwe *et al.*, 1998; Khalili e Sharifi-Yazdi, 2001). Paulson e Polakoski (1977) investigaram o mecanismo de como *E. coli* imobiliza espermatozóides e relataram um fator, aparentemente excretado pela bactéria, que imobiliza espermatozóides sem aglutiná-los. Além disso, observou-se que *Staphylococcus aureus* adere apenas às caudas dos espermatozóides e causa aglutinação (Ohri e Prabha, 2005).

Está provado que o aumento dos níveis de células redondas, tal como observado no presente estudo, está relacionado com a infeção e a infertilidade (Wolff e Anderson 1988; Arata de Bellabarba *et al.*, 2000). Jiang e os seus colegas (2004) referiram que as células redondas estão aumentadas em casos de infertilidade associados a infecções ou a alterações hormonais da espermatogénese normal. Além disso, a presença de um grande número de granulócitos (>3 milhões/ml) pode indicar uma infeção aguda na próstata, nas vesículas seminais ou no epidídimo, a chamada infeção da glândula acessória masculina (MAGI) (Bras *et al.* 1996).

No presente estudo e de acordo com o tipo de infertilidade pré - ativação, os indivíduos foram classificados em pacientes com infertilidade primária ou infertilidade secundária. Não foram registadas diferenças significativas (P>0,05) na maioria dos parâmetros espermáticos das amostras de sémen entre os dois tipos de infertilidade. No entanto, as percentagens de motilidade dos espermatozóides foram significativamente reduzidas (P<0,05) na pré - ativação da infertilidade secundária, quando comparadas com as dos indivíduos com infertilidade primária.

Muitos factores podem dar estes resultados, as secreções acessórias revestem os espermatozóides, baixo nível de frutose corrigida e hiper viscosidade (Williams e Wilkins, 1988). Tanto a falta parcial como a completa de liquefação (Tauber e Zaneveld, 1976). O plasma seminal também contém factores de desincapacitação que impedem a capacitação espontânea (Henkel *et al.*, 1999 a; Mortimer, 2000). A redução da motilidade espermática está positivamente correlacionada com o aumento do zinco seminal (Henkel *et al.*, 1999a), infeção (Faro, 1991), produtos de leucócitos (Chan *et al.,1994*), acidez (WHO, 1999) e prolactina (Fakhrildin, 2007).

Por outro lado, foi calculada uma redução significativa (P<0,05) na motilidade espermática não progressiva com infertilidade secundária em comparação com a infertilidade primária. Os níveis de hormonas reprodutivas têm efeitos diretos na produção, fisiologia e capacidade de fertilização dos espermatozóides (Fakhrildin, 2006; 2007). Vários estudos referiram que os parâmetros da SFA para doentes inférteis com infertilidade primária que se queixam de um desvio grave dos critérios normais da OMS (OMS, 1999).

Os resultados do presente estudo revelaram uma diminuição significativa (P<0,05) da concentração de espermatozóides no grupo de controlo em comparação com a pré-ativação. Estes resultados são considerados normais durante a ativação *in vitro* de espermatozóides humanos (Harrison, 1976). A redução na concentração de espermatozóides resulta da natação de apenas espermatozóides móveis activos durante a ISA (Henkel e Schill, 2003). A técnica de centrifugação swim-up foi usada no presente trabalho para remover a maioria dos espermatozóides com baixa motilidade e espermatozóides imóveis, com morfologia anormal, e espermatozóides aglutinados (Harrison, 1976). Além de remover células redondas e células epiteliais (WHO, 1999), e reduzir a infeção bacteriana, resultados semelhantes foram apresentados por Shaaban (2007).

É notado no presente estudo que o uso do meio SMART-Pro *in vitro* causou uma melhoria significativa (P <0,05) nos parâmetros espermáticos, como mostrado no (controlo) em comparação com a pré-ativação. O aumento dos parâmetros espermáticos pode ser considerado como uma resposta normal para a fisiologia do esperma após a remoção do plasma seminal, células pus e espermatozóides aglutinados usando técnicas de preparação de esperma. Além disso, foi relatado que apenas os espermatozóides móveis ativos nadarão até a camada superior do meio de cultura *na* ativação de espermatozóides humanos *in vitro* (Mortimer, 2000; Henkel e Schill, 2003).

A partir dos resultados deste estudo, a concentração de espermatozóides para todos os grupos pós-ativação foi significativamente (P<0,05) diminuída em comparação com os grupos de controlo e pré-ativação. Verifica-se que a utilização de meios de cultura *in vitro* aumenta a motilidade dos espermatozóides. A razão é que o fluido seminal com alta viscosidade obstrui a motilidade progressiva dos espermatozóides, de modo que o uso de meios *in vitro* com natureza aquosa leva à diminuição da viscosidade do fluido seminal e, como resultado, os espermatozóides se movem mais livremente (Makler *et al.,* 1984).

Após a ativação, foi registada uma melhoria significativa em determinados parâmetros da função espermática. Foram observadas melhorias significativas (P<0,05) nas percentagens de motilidade dos espermatozóides, motilidade progressiva dos espermatozóides e morfologia normal dos espermatozóides em ambos os grupos tratados, em comparação com os grupos pré-ativação. Isto pode estar relacionado com o movimento rápido de espermatozóides normais do plasma seminal para a camada de meio de cultura, e provocado pelo efeito de alguns componentes do plasma seminal, como leucócitos, células redondas e outros, que fazem com que os espermatozóides não sofram o fator de stress e a produção de ROS, responsáveis por danos no ADN (Sharma *et al.,* 2004).

Além disso, quando o meio de cultura é suplementado com albumina de soro humano (HSA), há uma melhoria adicional nos parâmetros do esperma como estimulador em comparação com o controlo. Armstrong *et al.* (1998) analisaram os efeitos benéficos da albumina e de outras proteínas sobre a motilidade e a morfologia dos espermatozóides recuperados e mencionaram o papel da HSA como antioxidante. De Lamirande e Gagon (1991) relataram que, em contraste com a cafeína, que estimulou a motilidade do esperma por menos de 1 hora, o efeito do soro humano durou mais de 16h.

No presente estudo, a percentagem de motilidade dos espermatozóides e a motilidade progressiva dos espermatozóides aumentaram significativamente (P<0,05) nos grupos suplementados com L-carnitina e CoQ10 pós-ativação, em comparação com o grupo pré-ativação. Isso está de acordo com um estudo de Balercia *et al.* (2005), outros estudos que relataram um aumento significativo na motilidade espermática quando a L- carnitina foi adicionada aos espermatozóides humanos ejaculados (Al- Dujaily *et al.*, 2012). Os resultados também estão de acordo com Xuan *et al.* (2003), que documentaram que a maturação, a respiração, a motilidade e a fertilidade dependem do aumento progressivo da carnitina epididimária e dos espermatozóides, crítica para a oxidação mitocondrial de ácidos gordos, à medida que os espermatozóides passam do caput do epidídimo, mostraram que a L- carnitina aumentou o número de espermatozóides viáveis. Isto pode dever-se ao efeito da L- carnitina no metabolismo dos espermatozóides, bem como às suas propriedades antioxidantes (Agarwal e Said, 2004; Gulcin, 2006). A propriedade antioxidante da L-carnitina pode ter uma influência sobre a motilidade dos espermatozóides (Solarska *et al.*, 2010).

Além disso, a CoQ10 é uma parte essencial da maquinaria de produção de energia celular; antioxidante celular. Assim, deficientes graves no nível de CoQ10 apresentam uma redução do ATP nas células (López *et al.*, 2010). Além disso, foi relatado que a administração exógena de CoQ10 melhora a motilidade dos espermatozóides e que esta administração tem um papel positivo no tratamento da astenenozoospermia (Balercia *et al.*, 2009). Devido ao seu papel bioenergético e antioxidante, tem sido sugerido que a CoQ10 está envolvida na infertilidade masculina (Mancini e Balercia, 2011). Além disso, o conteúdo do meio SMART (Fakhrildin e Flayyih, 2011) foi um fator muito importante para aumentar a motilidade dos espermatozóides.

A motilidade progressiva e a recuperação de esperma podem ser aumentadas neste estudo devido à presença de bicarbonato no meio de preparação de esperma como proposto por (Henkel *et al.*, 1999b). Acredita-se que o bicarbonato facilita o efluxo de colesterol da membrana plasmática do esperma, actuando como um aceitador para o lípido (Visconti *et al.*, 2002). Considerando que a entrada do ião bicarbonato nos espermatozóides tem demonstrado estar envolvida no aumento do pH intracelular durante a capacitação (Zeng, *et al.*, 1996). O (pH) do meio de cultura é mantido pelo sistema tampão de bicarbonato e CO_2. O CM deve conter HEPES, que também mantém um pH estável (Good *et al.*, 1966).

No presente estudo, foi utilizada a CoQ10 devido às suas propriedades especiais. A CoQ10 é um intermediário vital do sistema de transporte de electrões nas mitocôndrias. Para a respiração celular e produção de ATP, são necessárias quantidades adequadas de CoQ10 para a função de todas as células do corpo, devido ao seu envolvimento na síntese de ATP, tornando-a essencial para a saúde de todos os tecidos e órgãos (Battino *et al.*, 2005). Desempenha também um papel antioxidante, impedindo a geração de radicais livres, bem como as modificações oxidativas das proteínas, lípidos e ADN (Siemieniuk e Skrzydlewska, 2005; Littarru e Tiano, 2007; López *et al.*, 2010). Assim, a deficiência de CoQ 10 pode causar defeitos variáveis na síntese de ATP e no stress oxidativo (Quinzii *et al.*, 2010). Os défices graves de CoQ10 apresentam uma concentração reduzida de ATP que pode ser corrigida com CoQ10 (López *et al.*, 2010).

O efeito da deficiência observada na função mitocondrial não é um declínio na produção de ATP, mas sim um aumento na produção de ROS (Quinzii *et al.*, 2012). Além disso, a CoQ10 reduzida, ubiquinol (QH2), tem também propriedades antioxidantes, pelo que pode proteger os lípidos das membranas, as proteínas e o ADN mitocondrial (ADNmt) contra danos oxidativos (Dallner e Sindelar, 2000). Além disso, a CoQ 10 é um agente promotor de energia, um estabilizador da membrana e um regulador dos poros de transição da permeabilidade mitocondrial (Turunen *et al.*, 2004).

A causa da infertilidade nos homens inférteis com parâmetros de sémen normais pode estar relacionada com o ADN anormal dos espermatozóides (Menezo *et al.*, 2007). Além disso, a má qualidade do sémen tem sido associada a um aumento da proporção de espermatozóides com fragmentação do ADN (Irvine *et al.*, 2000). No presente estudo, a fragmentação do DNA dos espermatozoides foi considerada um procedimento importante para o diagnóstico da fertilidade e infertilidade masculina (Bungum, 2011). Portanto, o presente trabalho depende da avaliação da integridade do DNA espermático para melhorar os efeitos positivos da técnica de ativação e dos estimulantes de motilidade e para adicionar mais informações sobre a qualidade dos espermatozóides que serão usados no futuro em resultados reprodutivos (Schulte *et al.*, 2010).

Dois factores protegem o ADN dos espermatozóides do insulto oxidativo: a caraterística de embalagem apertada do ADN; e os antioxidantes presentes no plasma seminal (Stanic *et al.*, 2002). A produção excessiva de radicais livres ou (ROS) pode danificar os espermatozóides, praticamente todos os ejaculados humanos estão contaminados com fontes potenciais de ROS, tais como leucócitos e espermatozóides anormais (Agarwal *et al.*, 2003). A geração excessiva de ROS no sémen por leucócitos, bem como por espermatozóides anormais, pode ser uma causa de infertilidade (Sharma e Agarwal, 1996). Os radicais livres também são formados durante a preparação e lavagem do esperma. O alto nível de ROS no meio do esperma causa a quebra do DNA nuclear e mitocondrial (Aitken e Clarkson, 1987).

A fragmentação do DNA do esperma neste estudo foi significativamente (P<0,05) melhorada para os grupos pós-ativação em comparação com o grupo pré-ativação. A adição simultânea de CoQ10 e L-carnitina ao meio de preparação de esperma realmente forneceu proteção contra o H O_{22} - danos induzidos no DNA do esperma. Moléculas como carnitinas e coenzima Q10, fornecem excelente suporte antioxidante (Oeda *et al.*, 1997; Lopes *et al*, 1998).

Vários estudos examinaram o papel da L-carnitina na redução do stress oxidativo celular (Vanella *et al.*, 2000; Apak *et al.*, 2004; Silva-Adaya *et al.*, 2008). Outros estudos referiram uma associação entre níveis mais baixos de L-carnitina no sémen e a infertilidade masculina (Matalliotakis *et al.*, 2000; Li *et al.*, 2007). Zare (2009) verificou que o tratamento com L-carnitina aumenta significativamente a qualidade da cromatina dos espermatozóides devido aos seus efeitos no tecido testicular. No presente estudo, a L-carnitina funciona como um antioxidante que elimina as ROS para reduzir os danos no ADN dos espermatozóides após a ativação (Menezo *et al.*, 2007). O outro efeito positivo da adição de L-carnitina ao meio no presente estudo pode ser a sua função de proteger o DNA do esperma e as membranas celulares de danos induzidos por ROS e apoptose (Lenzi *et al.*, 2003, 2004; Cavallini *et al.*, 2004) .

Conclusões e recomendações

Conclusões

1. A adição de L-cravo e Coenzima Q10 ao sémen de pacientes férteis e inférteis induz um aumento significativo da percentagem de motilidade e da atividade de grau dos espermatozóides e da percentagem de morfologia normal dos espermatozóides.

2. A melhoria da motilidade e morfologia progressiva do esperma humano foi comensurada pelo aumento da concentração de L- Carnitina e Coenzima Q10 após a ativação do esperma.

3. O aumento da concentração de L- Carnitina e Coenzima Q10 não afectou a ativação *in vitro* da integridade do ADN dos espermatozóides de pacientes inférteis, bem como de controlos saudáveis.

Recomendações

1. Estudar os efeitos da L- Carnitina e da Coenzima Q10 exógenas na ativação de pacientes com IUI.

2. Estudar os efeitos da L- Carnitina e da Coenzima Q10 exógenas na ativação de pacientes que necessitam de fertilização *in vitro* (FIV).

3. Estudar os efeitos da L- Carnitina e da Coenzima Q10 como meio SMART-Pro para a fertilização e o desenvolvimento embrionário inicial.

4. Enriquecimento de L- Carnitina e Coenzima Q10 como meio SMART-Pro para criopreservação de oócitos, espermatozóides e embriões.

REFERÊNCIAS

(A)

❖ **Abdel-razik, H; Sharma, R.; Mahfouz, R. ; e Agarwal, A. (2009).** L Carnitine diminui os danos no ADN e melhora a taxa de desenvolvimento de blastocistos *in vitro* em embriões de ratinho. fertil Ster. 91; 2: 589 -596.

❖ **Aberg, F.; Appelkvist, E.L.; Dallner, G.; e Ernster, L. (1992).** "Distribuição e estado redox de ubiquinonas em tecidos de ratos e humanos". Arquivos de bioquímica e biofísica.295 (2): 230-324.

❖ **Agarwal, H.S.; e Kulkarni, K.S. (2003).** Eficácia e segurança do sémen em pacientes com oligospermia: um estudo clínico aberto. Indian J. Clin. Practice. 14 (2): 29-31.

❖ **Agarwal, A.; e Said, T.M. (2004).** Carnitina e infertilidade masculina. Reprod. Biomed. 8:376-384.

❖ **Agarwal, A.; e Said, T.M. (2011).** Interpretação da análise básica de sémen e testes avançados de sémen. Springer Science + Business Media, LLC 36 (1):15-22.

❖ **Agarwal, A; Saleh, R.A.; e Bedaiwy, M.A. (2003).** Role of reactive oxygen species in the pathophysiology of human reproduction (Papel das espécies reactivas de oxigénio na fisiopatologia da reprodução humana). Fertil Steril; 79: 829-843.

❖ **Ahmad, S. (2001).** L-carnitina em doentes em diálise. Semin Dial,.14:209-217.

❖ **Aitken, R.J; e Clarkson, J.S. (1987).** Base celular da função defeituosa do espermatozoide e sua associação com a gênese de espécies reativas de oxigênio por espermatozóides humanos. J. Reprod Fertil. 81: 459-469.

❖ **Aitken, R.J.; Nixon, B.; Lin, M.; Koppers, A.J.; Lee, Y.H.; e Baker, M.A. (2007).** Alterações proteómicas nos espermatozóides de mamíferos durante a maturação epididimária. Asian J Androl. 9: 554-564.

❖ **Aitken, R.J.; Paterson, M.; e Fisher, H. (1995).** Regulação redox da fosforilação da tirosina em espermatozóides humanos e seu papel no controle da função espermática humana. J. Cell Sci. 108: 2017-2025.

❖ **Al-Dujaily, S.S.; Al-Shahiri, N.; e Abbas, A. (2012).** Efeito da L-carnitina na ativação de espermatozóides in vitro de homens inférteis. I J Embryo inter Res. 2(3): 22-25.

❖ **Al- Ebrahimi, H. A. (2008).** Avaliação do teste pós-coito em casais inférteis. Tese de doutoramento, Faculdade de Medicina, Universidade de Kufa.

❖ **Alleva, R.; Scararmucci, A.; Mantero, F.; Bompadre, S.; Leoni, L.; e Littarru, G.P. (1997).** O papel protetor do ubiquinol-10 contra a formação de hidroperóxidos lipídicos no fluido seminal humano. Mol Aspects Med, suppl., 18: S221.

❖ **Alvarez, J.G; Lasso, J.L.; Blasco, L.; Nunez R.C.; Heyner, P.P.S.; e Caballero** *et al.* **(1993).** A centrifugação de espermatozóides humanos induz danos sub-letais; a separação de espermatozóides humanos do plasma seminal por um procedimento de natação com dextrano sem centrifugação prolonga a sua vida móvel. Hum Reprod. 8:1087-1092.

❖ **Alvarez, C.; Castilla, J.A.; Martinez, L.; Ramirez, J.P.; Vergara, F.; e Gaforio, J.J. (2003).** Variação biológica dos parâmetros seminais em indivíduos saudáveis. Hum Reprod. 18:2082-2088.

❖ **American Urological Association, Inc. (AUA) (2010).** A avaliação óptima do homem infértil. Declaração de boas práticas da AUA. Publicado em abril de 2001. Revisto em 2010. Acedido em 13 de maio. Disponível no endereço URL: http: //www. Aua net. org/guidelines.

❖ **Angelopoulos, T.; Moshel, Y.A.; Lu, L.; Macanas, E.; Grifo, J.A.; e Krey, L.C. (1998).** Avaliação simultânea da condensação da cromatina e morfologia dos espermatozóides antes e depois dos procedimentos de separação*: efeito sobre o* resultado clínico após a fertilização *in* vitro. Fertil Steril. Abr; 69(4):740-747.

❖ **Anónimo. (2007).** CoenzimaQ10. Revista de Medicina Alternativa, 12,159-168.

❖ **Apak, R.; Guclu, K.; Ozyurek, M.; e Karademir, S.E. (2004).** Novo índice de capacidade antioxidante total para polifenóis alimentares e vitaminas C e E, utilizando a sua capacidade de redução de iões cúpricos na presença de neo cuproína: método Cuprac J Agric Food Chem 52:7970-7981.

❖ **Arata de Bellabarba, G.; Tortolero, I.; Villarroel, V.; Molina, C.Z.; Bellabarba, C.; e Velazquez, E. (2000).** Células não espermáticas no sémen humano e sua relação com os parâmetros do sémen. Arch. Androl. 45, 131-136.

❖ **Armstrong, J.S.; Raja sekaran, M.; Hellstrom, W.J.; e Sikka, S.C. (1998).** Antioxidant potential of human serum albumin: role in the recovery of high quality human spermatozoa for assiste reproductive technology. Journal of Andrology, 19 (4): 412-419.

(B)

❖ **Bach, A.; Schirardin, C.H.; Sihr, M.O.; e Storck, D. (1983).** Carnitina livre e total no soro humano após ingestão oral de L-carnitina. Diabete Metab 9:121-124.

❖ **Baker, G.; Liu, D.Y.; e Bourne, H. (2000).** Avaliação do macho e preparação de esperma para ARTs. P. 99-126. In: Handbook of *in vitro* fertilization. in: Trounson AO, Gardner DK, (eds.) 2ª edição. CRC Press, EUA.

❖ **Baker, H.; Frank, O.; De Angelis, B.; e Baker, E.R. (1993).** Absorção e excreção de L-carnitina durante doses únicas ou múltiplas em humanos. Int J Vitam Nutr Res. 63:22-26.

❖ **Balercia, G.; Arnaldi, G.; Fazioli, F.; Serresi, M.; Alleva, R.; e Mancini, A. Mosca, F; Lamonica, G.R; Mantero, F; Littarru, G.P.; (2002).** Níveis de Coenzima Q10 em astenozoospermia idiopática e associada a varicocele. Andrologia. 34: 107.

❖ **Balercia, G.; Regoli, F.; Armeni, T.; Koverech, A.; e Mantero, F. (2005).** Boscaro Ensaio aleatório duplo-cego controlado por placebo sobre o uso de L- carnitina, L-acetilcarnitina ou L- carnitina combinada e L-M. acetil carnitina em homens com astenozoospermia idiopática. Fertil Steril. 84:662-671.

❖ **Balercia, G.; Buldreghini, E.; Vignini A.; Tiano L.; Paggi F.; Amoroso, S.; Ricciardo-Lamonica, R.; Boscaro, M.; Lenzi, A.; e Littarru, G. (2009).** Tratamento com coenzima Q10 em homens inférteis com astenozoospermia idiopática: um estudo randomizado, duplo-cego e controlado por placebo. Fertil Steril. 91:17851792.

❖ **Barry; e Robert, PhD. J. (2008).** O Poder do Ubiquinol, Sherman Oaks, CA, Health Point Press.

❖ **Battino, M.; Bompadre, S.; Politi, A.; Fioroni, M.; Rubini, C.; e Bullon, P. (2005).** Estado antioxidante (níveis de CoQ10 e Vit. E) e análise histoquímica imunológica de tecidos moles em doenças periodontais. Bio factors .25:213-217.

❖ **Bavister, B.D.; Kinsey, D.L.; Lane, M.; e Gardner, D.K. (2003).** A albumina humana recombinante suporta a fertilização in vitro de hamster. Hum Reprod . 18: 113- 116.

❖ **Belleannee, C.; Labas, V.; Teixeira-Gomes, A.P.; Gatti, J.L.; Dacheux, J.L.; e Dacheux, F. (2011).** Identificação de proteínas luminais e secretadas no epidídimo de touro. J Proteomics. 74: 59-78.

❖ **Bentinger, M.K. Brismar; e Dallner, G. (2007).**The antioxidant role of coenzyme Q. Mitochondrion.7 Suppl:S41-S50.

❖ **Berardi, S.; Stieger, B.; Wachter, S.; O'Neill, B.; e Krahenbuhl, S. (1998).** Caracterização de um sistema de transporte dependente de sódio para a butirobetaína em vesículas de membrana plasmática de fígado de rato. Hepatologia 28:521.

❖ **Bhagavan, H.N.; e Chopra, R.K. (2006).** Coenzyme Q10 Absorption, tissue uptake, metabolism and pharmacokinetics. Free Radical Research.2006, 40: 445-453.

❖ **Bhagavan, H.N.; e Chopra, R.K. (2007).** Plasma coenzyme Q10 response to oral ingestion of coenzyme Q10 formulations, Mitochondrion, Suppl: S78- 88, Jun 7.

❖ **Bjorndahl, L. e Kvist, U. (2003).** A sequência da ejaculação afecta o espermatozoide como portador e a sua mensagem. Reprod Biomed Online. 7(4) :440- 8, doi: 10.1016/S1472-6483 (10) 61888-3.

❖ **Bjorndahl, L.; Soderlund, I.; e Kvist, U. (2003).** Avaliação da técnica de coloração com eosina e nigrosina numa única etapa para avaliação da vitalidade do esperma humano. Hum Reprod; 18: 813-816.

❖ **Bjorndahl, L.; Mortimer, D.; Barratt, C.L.R.; Castilla, J.A.; Menkveld, R.; Kvist, U.; Alvarez, J.G., e Haugen, T.B. (2010).** Preparação de Esperma. Um Guia Prático de Andrologia Laboratorial Básica. 1ª edn. EUA: Cambridge University Press.

❖ **Bliznakov; e Emile, G.** *et al.* **(2005).** Coenzima Q10 e Neoplasia: Overview of Experimental and Clinical Evidence pp 599-622 In: Bagchi D, e Preuss H, (eds), Phytopharmaceuticals in Cancer Chemoprevention, Boca Raton: CRC Press. Inglaterra.

❖ **Boicelli, C.A.; Ramponi, C.; Casali, E.; e Masotti, L. (1981).** Ubiquinonas: implicações biológicas estereoquímicas. Membr Biochem. 4 (2):105-118.

❖ **Bonde, J.P.; Ernst, E.; e Jensen, T.K. (1998).** Relação entre a qualidade do sémen e a fertilidade: um estudo baseado na população de 430 mulheres que planeiam a primeira gravidez. Lancet; 10: 1172-76.

❖ **Bourne, H.; Edgar, D.H.; e Baker, H.W.G. (2004).** Técnicas de preparação de esperma. P pp.79-91 In: Gardner DK, Weissman A, Howles CM, Shoham Z (Eds). Text book of Assisted Reproductive Techniques: Laboratory and Clinical Perspectives. 2nd edn. EUA: Informa Healthcare.

❖ **Branigan, E.F.; Spadoni, L.R.; e Muller, C.H. (1995).** Identificação e tratamento da leucocitospermia em casais com infertilidade inexplicada, J Reprod Med, 40 (9): 625-629.

❖ **Bras, M.; Lens, J.W.; Piederiet, M.H.; Rijnders, P.M.; Verveld, M.; e Zeilmaker, G.H. (1996).** ' IVF Lab: Laboratory Aspects of *in vitro* Fertilization" (Laboratório de FIV: Aspectos laboratoriais da fertilização *in vitro*). (N.V. Organon: Amesterdão).

❖ **Bungum, M. (2011).** Avaliação da integridade do DNA espermático: uma nova ferramenta no diagnóstico e tratamento da fertilidade. P. 2012:1-6.

❖ **Bykov, I.; Jarvelainen, H.; e Lindros, K. (2003).** A L-carnitina alivia a lesão hepática induzida pelo álcool em ratos: papel do fator de necrose tumoral alfa. Alcohol 38:400-406.

(C)

❖ **Carroll, J.E.; Brooke, M.H.; Shumate, J.B.; e Janes, N.J. (1981).** Carnitine intake and excretion in neuromuscular diseases (Ingestão e excreção de carnitina em doenças neuromusculares). American Journal of Clinical Nutrition, 34, 2693-2698.

❖ **Cavallini, G.; Ferraretti, A.P.; Gianaroli, L.; Biagiotti, G.; e Vitali, G. (2004).** Cinnoxicam e tratamento com L-carnitina/acetil-L-carnitina para oligoastenospermia idiopática e associada a varicocele. Journal of Andrology, 25, 761-770.

❖ **Cavas, T.; e Ergene-Gozukara, S. (2005).** Avaliação da genotoxicidade do metronidazol utilizando o teste do micronúcleo piscícola por coloração fluorescente com laranja de acridina. Environ. Toxicol. Pharmacol. 19, 107-111.

❖ **Cavas, T. (2008).** Genotoxicidade in vivo do cloreto de mercúrio e do acetato de chumbo: Teste do micronúcleo em células de peixe coradas com laranja de acridina. Food Chem. Toxicol. 46, 352-358.

❖ **Chan, P.J.; Su, B.C.; Tredway, D.R.; Whitney, E.A.; Pang, S.C.; e Corselli, J. e. Jacobson J.D. (1994).** Os glóbulos brancos no sémen afectam a hiperactivação mas não a integridade da membrana do esperma nas regiões da cabeça e da cauda. Fertile Steril. 61:986-989.

❖ **Chang, B.; Nishikawa, M.; Sato, E.; Utsumi, K.; e Inouea, M. (2002).** A L- carnitina inibe a lesão induzida pela cisplatina no rim e no intestino delgado. Arch. Biochem. Biophys. 405, 55-64.

❖ **Chang, B.; Nishikawa, M.; Nishiguchi, S. ; e Inoue, M. (2005).** A L-carnitina inibe a hepatocarcinogénese através da proteção das mitocôndrias. Int. J Cancer . 113:719-729.

❖ **Chan, C.C.; Shui, H.A.; Wu, C.H.; Wang, C.Y.; Sun, G.H.; Chen, H.M.; e Wu, G.J. (2009).** Motilidade e fosforilação de proteínas em espermatozóides saudáveis e astenozoospérmicos. J Proteome Res. 8: 5382-5386.

❖ **Chohan, K.R.; Griffin, J.T.; Lafromboise, M.; De Jonge, C.J.; e Carrell D.T. (2006).** Comparação de ensaios de cromatina para avaliação de fragmentação de DNA em espermatozóides humanos. J Androl. 27(1):53-59.

❖ **Claassens, O.; Franken, R.M.D.; Pretorius, E.; Swart, Y.; Lombard, C.; e Kruger, T. (1992).** O teste do Laranja de Acridina: determinando a relação entre a morfologia do esperma e a fertilização *in vitro*. Hum Repro 7:242-247.

❖ **Comhaire, F.H.; e Vermeulen, L. (1995).** Análise do sémen humano. Hum. Reprod. Update. 1(4): 343-362.

❖ **Cooke, P.S. (1991).** Thyroid hormones and testis development: a model system for increasing testis growth and sperm production. Ann N YAcad Sci . 637: 122-132.

❖ **Corbucci, G.G.; e Lettieri, B. (1991).** Choque cardiogénico e L-carnitina: dados clínicos e perspectivas terapêuticas. Int J Clin Pharmacol Res.11:283- 293.

❖ **Crane, F.L. (2001).** Funções bioquímicas da coenzima Q10. J Am Coll Nutr 20: 591- 598.

❖ **Cruz, R.I.; Kemmann, E.; Brandeis, V.T.; Becker, K.A.; Beck, M.; Beardsley, L.; e Shelden R.A. (1986).** Um estudo prospetivo de inseminação intra-uterina de esperma processado de homens com oligoastenospermia em mulheres super ovuladas. Fertil Steril. 46: 673-677.

(D)

❖ **Dallner, G. ; e Sindelar, P.J. (2000).** Regulação do metabolismo da ubiquinona. Free Radic Biol Med. 29:285-294.

❖ **Daudin, M.; Bieth, E.; Bujan, L.; Massat, G.; Pontonnier, F.; e Mieusset, R. (2000).** Ausência bilateral congénita do canal deferente: caraterísticas clínicas, parâmetros biológicos, mutações no gene regulador da condutância da membrana trans cística e implicações para o aconselhamento genético. Fertil Steril.74(6):1164-1174.

❖ **David, L.; Nelson Michae; e Cox, M. (2005).** Lehninger Principles of Biochemistry. W.H.

Freeman and Company, Nova Iorque. Chang, B. *et al.* (2005). A L-carnitina inibe a carcinogénese do hepato através da proteção das mitocôndrias. Int. J. Cancer 113, 719-729.

❖ **Davis, R.O.; e Gravance, C.G. (1994).** Consistência dos métodos de classificação da orfologia do esperma. J Androl. 15:83-591

❖ **De Kretser, D.M.; Loveland, K.L.; Meinhardt, A.; Simorangkir, D.; e Wreford, N. (1998).** Spermatogenesis. Hum Reprod . 13: pp. 1-8.

❖ **De Lamirande, E.; e Gagon, C. (1991).** Avaliação quantitativa da estimulação induzida pelo soro da motilidade do esperma humano. Revista internacional de andrologia. 14:11-22.

❖ **Dhanasekaran, M.; e Ren, J. (2005).** The Emerging Role of Coenzyme Q10 in Aging, Neuro degeneration, Cardiovascular Disease, Cancer and Diabetes Mellitus, *Current Neurovascular Research,* 2(5): 447- 459, dezembro.

❖ **Dhanasekaran, M.; Karuppagounder, S.S.; Uthayathas, S.; Wold, L.E.; Parameshwaran, K.; Jayachandra Babu, R.; Suppira maniam, V.; e Brown-Borg, H. (2008).** Effect of dopamine ergic neurotoxin MPTP/MPP+ on coenzyme Q content, Life Sci, 18;83(3-4):92-95, Jul.

❖ **Diemer, T.; Ludwig, M.; Huwe, P.; Hales, D.B.; e Weidner, W. (2000).** "Influence of urogenital infection on sperm function, " *Current* Opinion in Urology, vol. 10, no. 1, pp. 39-44.

❖ **Dohle, G.R.; Jungwirth, A.; Colpi, G.; e Diemer, T. (2007).** Linha de orientação sobre infertilidade masculina. Eur Associat Urol. 11: 8- 21.

❖ **Duncan, D.B. (1955).** Multiple range and multiple F tests. Biometria 11(1):1- 42.

(E)

❖ **Eliasson, R. (2003).** Análise básica do sémen. In: Current Topics in Andrology. Perth: Lady brook Publishing.

❖ **Ellaway, C.J.; Peat, J.; Williams, K.; Leonard, H.; e Christodoulou, J. (2001).** Ensaio aberto a médio prazo de L-carnitina na síndrome de Rett. Brain Dev. 23 Suppl1: p. S85-9.

❖ **Enciso, M.; Iglesias, M.; Galan, I.; Sarasa, J.; Gosalvez, A.; e Gosalvez, J. (2011).** A capacidade das técnicas de seleção de esperma para remover danos no ADN de cadeia simples ou dupla. Asian J Androl. 13:764-768.

❖ **Ernster, L.; e Dallner, G. (1995).** Aspectos bioquímicos, fisiológicos e médicos da função da ubiquinona. Biochim Biophys Ata. 1271:195-204.

(F)

❖ **Fabrega, A.; Guyonnet, B.; L.Dacheux, J.; Gatti, J.L.; Puigmule, M.; Bonet, S. e Pinart, E. (2011).** Expressão, imunelocalização e processamento de fertilinas ADAM-1 e ADAM-2 nos espermatozóides de javali (Sus domesticus) durante a maturação epididimária.

Reprod Biol Endocrinol; 9: 1-13.

❖ **Fakhrildin, M.B. M-R. (2006).** Tratamento sem sucesso de pacientes com oligoastenozoospermia grave utilizando gonadotrofinas para melhorar a produção e a motilidade dos espermatozóides. Kufa Med Journal. 9: 410-419.

❖ **Fakhrildin, M.B. M-R. (2007).** Correlação entre a análise do líquido seminal e os níveis de prolactina no plasma seminal e no soro de homens saudáveis e pacientes inférteis. Kufa Med Journal .10: 326-334.

❖ **Fakhrildin, M.B. (2010).** Melhoria do resultado da ativação de esperma in vitro utilizando sémen não liquefeito versus sémen liquefeito de pacientes oligoastenozoospérmicos. Journal of Family and Reproductive Health. 4 (1):27-34.

❖ **Fakhrildin, M.B.; e Flayyih, N.K. (2011).** Um novo meio simples para a ativação *in vitro* de espermatozóides de pacientes astenozoospérmicos utilizando a técnica de swim-up direto. Kufa Med. Journal. 14(1): 67-75.

❖ **Faro, S. (1991).** Chlamydia trachomatis: infeção pélvica feminina. Am J Obstet Gynecol . 164: 1767-1770.

❖ **Fedder, J. (1996).** Nonsperm cells in human semen: with special reference to seminal leukocytes and their possible influence on fertility, Arch Androl. 36(1):41-65.

❖ **Flanagan, J.L.; Simmons, P.A.; Vehige, J.; Willcox, M.D; e Garrett, Q. (2010).** Papel da carnitina na doença. Nutrição e Metabolismo.7:30.

❖ **Flesch, F.M.; e Gadella, B.M. (2000).** "Dynamics of the mammalian sperm plasma membrane in the process of fertilization," Biochimica et Biophysica Ata, vol. 1469,no. 3, pp. 197-235.

❖ **Ford, W.C.L. (1990).** O papel dos radicais livres de oxigénio na patologia dos espermatozóides humanos: Implications of IVF.P. 123-139In: *Clinical IVF* Forum; Current Views in Assisted Reproduction (ed) , Matson PL, Lieberman BA. Manchester University Press, Reino Unido.

❖ **Francavilla, F.; Sciarretta, F.; Sorgentone, S.; Necozione, S.; Santucci, R.; Barbonetti, A.; e Francavilla, S. (2009).** Inseminação intra-uterina com ou sem estimulação ovárica ligeira em casais com subfertilidade masculina devido a oligo/asteno e/ou teratozoospermia ou anticorpos anti-espermatozóides: um ensaio prospetivo cruzado. Fertil Steril, 92(3): 1009 -1011.

❖ **Frankish, H. (2003).** Coenzyme Q10 could slow functional decline in Parkinsons disease. Lancet . 360: 1227.

❖ **Fukao ,T.; Lopaschuk, G.D.; e Mitchell, G.A. (2004).** Vias e controlo do metabolismo dos corpos cetónicos: à margem da bioquímica dos lípidos. Journal of Prostaglandins Leukot Essent Fatty Acids.70:243-251.

❖ **Furuno, T.; Kanno,T; Arita, K; Asami, M; Utsumi, T; Doi, Y; Inoue, M; e Utsumi, K. (2001).** Papel dos ácidos gordos de cadeia longa e da carnitina na transição da permeabilidade da membrana mitocondrial. Biochem. Pharmacol. 62, 1037-1046.

(G)

❖ **Gaby, A.R. (1996).** O papel da coenzima Q10 na medicina clínica: Parte 1, Alternative Me Rev. 1(1):11-17.

❖ **Gaby, R.; e Alan, M.D. (1999).** Coenzyme Q10 - Textbook of Natural Medicine, NY: Churchill Livingstone.

❖ **Garrett, C.; Liu, D.Y.; e Baker, H.W.G. (1997).** Seletividade do processo de ligação espermatozoide-zona pelúcida humana à morfometria da cabeça do espermatozoide. Fertil Steril. 67:362-371.

❖ **Garrett, C.; Liu, D.Y.; Clarke, G.N.; Rushford, D.D.; e Baker, H.W.**

(2003). Análise automatizada do sémen: a morfometria dos espermatozóides "zona pelúcida preferencial" e a velocidade da linha reta estão relacionadas com a taxa de gravidez em casais subférteis. Hum Reprod .18:1643-1649.

❖ **Gattuccio, F.; De Rose, A.F.; e Latteri, Eds M.A. (2000).** Varicocele. Palermo, Itália: Cofese Editore.

❖ **Golshani, M.; Taheri, S.; Eslami, G.; Suleimani Rehber, A.A.; Fallah, F.; e Goudarzi, H. (2006).** Infeção do trato genital em homens inférteis assintomáticos e o seu efeito na qualidade do sémen. Iranian J Publ Health 35: 81-84.

❖ **Good, N.E.; Winget, G.D.; Winter, W.; Connolly, T.N.; Izawa, S.; e Singh, R.M. (1966).** Tampões de iões de hidrogénio para investigação biológica. Biochemistry, 5(2), 467-477.

❖ **Grane, F.L. (2001).** Biochemical functions of coenzyme Q10J Am Coll Nutr. 20(6):591-598.

❖ **Greenberg, S.; e Frishman, W.H. (1990).** Co-enzyme Q10: A new drug for cardiovascular disease. J Clin Pharmacol .30:596-608.

❖ **Gulgin, I. (2006).** Actividades antioxidantes e antirradicais da L-carnitina. Life Sci. 78:803-811.

(H)

❖ **Harper, P.; Elwin, C.E.; e Cederblad, G.(1988).** Pharmacokinetics of intravenous and oral bolus doses of L-carnitine in healthy subjects. European Journal of Clinical Pharmacology, 35, 555-562.

❖ **Harrison, R.A. (1976).** Método altamente eficiente para a lavagem de espermatozóides de mamíferos. J. Repord Fertil. 48:347-353.

❖ **Hayashi, M.; Sofuni, T.; e Ishidate Jr, M. (1983).** Uma aplicação da coloração fluorescente com laranja de acridina ao teste do micronúcleo. Mutat. Res. 120, 241-247.

❖ **Henkel, R.; Franken, D.R.; Lombard, C.J.; e Schill W.B. (1994).** A capacidade selectiva da filtração em lã de vidro para espermatozóides humanos condensados com cromatina normal: Uma possível modalidade terapêutica para casos de fator masculino? J Assist Reprod Genet . 11:395-400.

❖ **Henkel, R.; Ichikawa, T.; Sanchez, R.; Miska, W.; Ohmori, H.; e Schill, W.B. (1997).** Diferenciação de ejaculados mostrando a produção de espécies reactivas de oxigénio por espermatozóides ou leucócitos. Andrologia 29 (6): 295-301.

❖ **Henkel, R.; Bittner, J.; Weber, R.; Hüther, F.; e Miska, W. (1999a).** Relevância do zinco na relação dos flagelos do esperma humano com a motilidade. Fertil Steril. 71:1138-1143.

❖ **Henkel, R.; Müller, C.; Stalf, T.; Schill, W.B.; e Franken, D.R. (1999b).** Utilização de oócitos fertilizados falhados para fins de ligação à zona de diagnóstico após melhoria da ligação de esperma com um meio modificado. J Assist Reprod Genet, 16:24-29.

❖ **Henkel, R. ; Defosse, K.; Weissmann, N.; e Miska, W. (2000).** Avaliação do consumo de energia de espermatozóides humanos relacionados com a motilidade. Reprod Dom Animal . 35: 14-19.

❖ **Henkel, R.; e Schill, W. (2003).** Preparação de esperma para ART. Repord Biol. E Endocrinol. 1:108-120.

❖ **Hermo, L.; Pelletier, R.M.; Cyr, D.G.; e Smith C.E. (2010).** Surfando a onda, ciclo, história de vida e genes/proteínas expressos pelas células germinativas testiculares. Parte 1: antecedentes da espermatogénese, espermatogónias e espermatócitos. Microsc Res Tech, Vol. 73(4), pp.278.

❖ **Hinting, A. (1989).** Método de análise do sémen na avaliação da capacidade de fertilização do esperma humano. Tese de doutoramento, Universidade de Michigan.

❖ **Horne, D.W.; e Broquist, H.P. (1973).** Papel da lisina e e-N trimetillysine na biossíntese de carnitina. Estudos em Neurospora crassa. J. Biol. Chem. 248, 2170±2175.

❖ **Hoshi, K.; Katayose H.; Yanagida, K.; Kimura, Y.; e Sato, A. (1996).** Relação entre a fluorescência de laranja de acridina dos núcleos de esperma e a capacidade de fertilização do esperma humano. Fertil Steril 66: 634-639.

❖ **Huntington, (2001).** Grupo de estudo. A randomized, placebo controlled trial of coenzyme Q10 and re macemide in Huntington's Disease. Neurology. 57:397404.

❖ **Huwe, P.; Diemer, T.; Ludwig, M.; Liu, J.; Schiefer, H.G.; e Weidner, W. (1998).** Influência de diferentes microorganismos uropatogénicos nos parâmetros de motilidade do esperma humano numa experiência *in vitro*. Andrologia. 301: 55-59.

❖ **Huerta, M.; Cervera, A.R.; Hernandez, I.; e Ayal, A.R. (2002).** Frequência e etiologia das infecções seminais no estudo de casais inférteis. Ginecol Obstet Mex .70: 90-94.

(I)

❖ **Inselman, A.; Eaker S.; e Hande, MA. (2003).** Temporal expression of cell cycle-related proteins during spermatogenesis: establishing a timeline for onset of the meitic divisions In: Aspectos Moleculares da Espermatogénese do Rato .Vol. 103 (No. 3-4), pp. 289-296.

❖ **Irvine, D.S.; Twigg J.P.; Gordon, E.L.; Fulton, N.; Milne, P.A.; e Aitken, R.J. (2000).** Integridade do DNA em espermatozóides humanos: relações com a qualidade do sémen. J Androl, Vol. 21, No. 1, pp.33-44.

❖ **Isidori A.M.; Pozza, C.; Gianfrilli, D.; e Isidori, A. (2006).** Tratamento médico para melhorar a qualidade do esperma. Reprod Biomed Online, ; 12: 704 -714.

(J)

❖ **Jameel, T. (2008).** Sperm swim-up: uma técnica simples e eficaz de processamento de sémen para inseminação intra-uterina. J Pak Med Assoc. 58(2): 71-74.

❖ **Jeulin, C.; e Lewin, L.M. (1996).** Papel da L-carnitina livre e da acetil-L-carnitina na maturação pós-gonadal dos espermatozóides de mamíferos. Human Reproduction Update, 2, 87-102.

❖ **Jeyendran, R.S. (2000).** Interpretação dos resultados da análise do sémen: A Practical Guide. Cambridge: Cambridge University Press.

❖ **Jiang, L.; Carter, D.B.; Xu, J.; Yang, X.; Prather, R.S.; e Tian, X.C.**

(2004). Comprimentos dos telómeros 66 em porcos transgénicos clonados. Biol. Reprod. 70, 15891593.

❖ **Jouannet, P.; Ducot, B.; e Spira, A. (1988).** Factores masculinos e probabilidade de gravidez em casais inférteis. I. Estudo das caraterísticas do esperma. Int J Androl . 11: 379-394.

❖ **Jorgensen, N.; Andersen, A.G.;Eustache, F. ; Irvine, D.S.; Suominen, J.; Petersen, J.H.; Andersen, J.; e Skakkebaek, N.E. (2001).** Regional differences in semen quality in Europe (Diferenças regionais na qualidade do sémen na Europa). Hum Reprod. 16: 1012-1019.

(K)

❖ **Kaewnoonual, N.; Chiamchanya, C.; Visutakul, P.; Manochantr, S.; Chaiya, J.; e Tor-Udom, P. (2008).** Estudo comparativo da qualidade do sémen entre pré-lavado e pós-lavado com meios de preparação de 3 espermatozóides Thammasat Med. J, 8 (3):293.

❖ **Kaikkonen, J.; Nyyssonen, K.; e Porkkala-Sarataho, E.; Poulsen, H.E.; e Metsa Ketela, T. (1997).** Effect of oral coenzyme Q10 supplementation on the oxidation resistance of human VLDL+LDL fraction: absorption and antioxidative properties of oil and granule-based preparations. Free Radic Biol Med. 22:1195-1202.

❖ **Karpuz, V.; Gokturk, A.; e Koyuturk, M. (2007).** O Efeito da Morfologia e Motilidade do Esperma no Resultado da Injeção Intra-citoplasmática de Esperma. Marmara Med. J., 20 (2) ; 92-97.

❖ **Katagiri, Y.U.; Sato, B.; Yamatoya, K.; Taki, T.; Goto-Inoue, N.; Setou, M.;Okita, H.; Fujimoto, J.; ItoC.; Toshimori, K.; e Kiyokawa, N. (2011).** O lado paraglobo ligado a GalNAc01,3 carrega o epítopo de uma glicoproteína relacionada à maturação do esperma que é reconhecida pelo anticorpo monoclonal MC121. Biochem Biophys Res Commun. 406 : 326-331.

❖ **Katayose, H.; Yanagida, K.; Hashimato, S.;Yamada, H.; e Sato, A. (2003).** Utilização de coloração de fluorescência de laranja de diamida-acridina para detetar protaminação aberrante de núcleos de esperma ejaculado humano. Fertil Steril 79: 670676.

❖ **Katz, P.; Nachtigall, R.; e Showstack, J. (2002).** The economic impact of the assisted reproductive technologies (O impacto económico das tecnologias de reprodução assistida). Nat Cell Biol, 4: 29-32.

❖ **Keel, B.A.; Stembridge, T.W.; e Pineda, G. (2002).** Serafy NT Sr. Lack of standardization in performance of the semen analysis among laboratories in the United States. Fertil Steril .78:603-60 8.

❖ **Keel, B.A. (2006).** Variação intra e inter-sujeitos no sémen de homens inférteis e dadores de sémen normais. Fertil Steril. 85:128-134.

❖ **Kendler, B.S. (1986).** Carnitina: uma visão geral do seu papel na medicina preventiva. Prev Med . 15:373-390.

❖ **Khalili, M.B; e Sharifi-Yazdi, M.K. (2001).**O efeito da infeção bacteriana na qualidade dos espermatozóides humanos. Iranian J Publ Health **30**: 119-122.

❖ **King, R.S.; e Killian, G.J. (1994).** Purificação da proteína associada ao estro bovino e localização da ligação no esperma. Biol Reprod . 51: 34-42.

❖ **Kinzer, D.R.; e Rothmann, S.A. (2003).** Semen analysis. The Andrology Trainer, 2ª ed., Cleveland, OH: Fertility Solutions Inc. Cleveland, OH: Fertility Solutions Inc.

❖ **Kobayashi, D.; Goto, A.; Maeda, T.; Nezu, J.I.; Tsuji, A.; e Tamai, I.**

(2005). (Transporte de carnitina mediado por OCTN2 em células de Sertoli isoladas). Reprodução . 129: 729-736.

❖ **Kommuru, T.R.; Gurley, B.; Khan, M.A.; e Reddy, I.K. (2001).** Sistemas de administração de medicamentos auto-emulsionados (SEDDS) da coenzima Q10: desenvolvimento de formulações e avaliação da biodisponibilidade. Int J Pharm. Jan 16;212(2):233- 246.

❖ **Kozink, D.M.; Estienne, M.J.; Harper, A.F.; e Knight, J.W. (2004).** Efeitos da suplementação dietética de l-carnitina nas caraterísticas do sémen em varrascos. The riogenology 61:1247-1258.

❖ **Kurowska, E.M.; Dresser, G.; Deutsch, L.; Bassoo, E.; e Freeman, D.J. (2003).** Biodisponibilidade relativa e potencial antioxidante de duas preparações de coenzima q10. Ann Nutr Metab. 47 (1):16-21.

(L)

❖ **Cordeiro, D. J. (2010).** Análise do sémen na medicina do século XXI: a necessidade de testar a função do esperma. J. Asiático de Androl. 12(1): 64-70.

❖ **Lambardo, F.; Gandini, L.; Lenzi, A.; e Dondero, F. (2004).** Imunidade anti-espermatozoide na reprodução assistida. J Reprod Immunol. 62: 101- 109.

❖ **Lampiao, F.; Strijdom, H.; e du Plessis, S.S. (2010).** Efeitos das Técnicas de Processamento de Esperma Envolvendo Centrifugação no Óxido Nítrico, Geração de Espécies Reactivas de Oxigénio e Função do Esperma. O Jornal Aberto de Andrologia. 2 (1):1-5.

❖ **Langsjoen; Peter, H.; e M.D. (1994).** Introduction to Coenzyme Q10 (Research Rpt), Tyler, TX.

❖ **Larson, K.L.; DeJonge, C.J.; Barnes, A.M.; Jost, L.K.; e Evenson, D.P. (2000).** Parâmetros do ensaio da estrutura da cromatina do esperma como preditores de gravidez fracassada após técnicas de reprodução assistida. Hum Reprod .15: 17171722.

❖ **Lee, C.; Keefer, M.; Zha, Z.W.; Kroes, R.; Berg, L.; Liu, X.; e Sensibar, J. (1989).** Demonstração do papel do antigénio específico da próstata na liquefação do sémen por eletroforese bidimensional. J Androl. 10;432-438.

❖ **Lenzi, A.; Lombardo, F.; Sgro, P.; Salacone, P.; Caponnecchia, L.; e Dondero, F. (2003).** Utilização da terapia com carnitina em casos selecionados de infertilidade de fator masculino: um ensaio duplo cego cruzado. Fertility and Sterility, 79, 292-300.

❖ **Lenzi, A.; Sgro, P.; Salacone, P.; Paoli, D.; Gilio, B.; Lombardo, F.; Santulli, M.; Agarwal, A.; e Gandini, L. (2004).** Um estudo randomizado duplo-cego controlado por placebo sobre o uso de tratamento combinado de L-carnitina e L-acetil carnitina em homens com astenozoospermia. Fertility and Sterility, 81, 1578-1584.

❖ **Levavasseur, F.; Miyadera, H.; Sirois, J.; Tremblay, M.L.; Kita, K.; e Shoubridge, E.; e Hekimi, S. (2001).** A ubiquinona é necessária para o desenvolvimento embrionário do rato, mas não é essencial para a respiração mitocondrial. The Journal of Biological Chemistry, 276, 46160-46164.

❖ **Lewin, A.; e Lavon, H. (1997).** O efeito da coenzima Q10 na motilidade e função dos espermatozóides. Mol Aspects Med, suppl. 18: S213-219.

❖ **Lewin, L.M.; Shalev, D.P.; Weissenberg, R.; e Soffer, Y. (1981).** Carnitina e acilcarnitinas no sémen de pacientes azoospérmicos. Fertil Steril 36:214-218.

❖ **Lewis, S.E.M. (2007).** A avaliação do esperma é útil na previsão da fertilidade humana? Reproduction , 134:1-11.

❖ **Li, B.; Lloyd, M.L.; Gudjonsson, H.; e Shug, A.L. ;Olsen, W.A. (1992).** O efeito da administração enteral de carnitina em humanos. Am J Clin Nutr .55:838-845.

❖ **Li, K.; Li, W.; Huang, Y.F.; e Shang, X.J. (2007).** Nível de lcarnitina livre no plasma seminal humano e sua correlação com a qualidade do sémen. Zhonghua Nan Ke Xue 13:143-146.

❖ **Littarru, G.; e Tiano, L. (2007).** Propriedades bioenergéticas e antioxidantes da coenzima Q10: desenvolvimentos recentes. Mol. Bio technol. 37(1):31-37.

❖ **Liu, D.Y.; e Baker, H.W.G. (1992).** Testes da função do esperma humano e fertilização *in vitro.* Fertil Steril.58:465-483.

❖ **Liu, D.Y.; e Baker. H.W.G. (1994).** Estado do acrossoma e morfologia do esperma humano ligado à zona pelúcida e oolemma determinado usando oócitos que não conseguiram fertilizar in vitro. Human Reprod .9:673-679.

❖ **Liu, D.Y.; Garrett, C.; e Baker, H.W.G. (2003).** A baixa proporção de espermatozóides pode se ligar à zona pelúcida de oócitos humanos. Hum Reprod.18:2382-2389.

❖ **Liu, de.Y.; e Baker H.W.G. (2007).** Avaliação da função do esperma humano e gestão clínica da infertilidade masculina. Natl J Androl / Zhonghua Nan ke Xue 13:99-109.

❖ **Lopaschuk, G.D. (1991).** Conceitos actuais na investigação sobre a carnitina. Atlanta.

❖ **Lopaschuk, G.D.; Ussher, J.R.; Folmes, C.D.; Jaswal, J.S.; e Stanley, W.C. (2010).** Myocardial fatty acid metabolism in health and disease. Physiol Rev 90: 207- 258.

❖ **Lopes, S.; Jurisicova, A.; e Sun, J.G. (1998).** Casper RF. Espécies reactivas de oxigénio: causa potencial de fragmentação do ADN em espermatozóides humanos. Hum Reprod .13: 896-900.

❖ **López, L.; Quinzii, C.; Area, E.; Naini, A.; Rahman, S.; Schuelke M.; Salviati, L.; Dimauro, S.; e Hirano, M. (2010***).* Tratamento de fibroblastos deficientes em CoQ10 com Ubiquinona, análogos de CoQ e vitamina C: efeitos dependentes do tempo e do composto. PLoS One, 5(7): 897-903.

❖ **Luo, X.; Reichetzer, B; Trines, J.; Benson, L.N.; e Lehotay, D.C. (1999).** A L-carnitina atenua a peroxidação lipídica induzida pela doxorrubicina em ratos. Free Radic. Biol. Med. 26, 1158-1165.

(M)

❖ **Mahadevan, M.M.; Trounson, A.O.; e Leeton, J.F. (1983).** The relationship of tubal blockage, infertility of unknown cause, suspected ma infertility, and endometriosis to success of in vitro fertilization and embryo transfer. Fertil Steril. 40:755-762.

❖ **Makler, A.; Fisher, M.; Murillo, O.; Laufer, N.; Dechereny, A.; e Naftilin, F. (1984).** Fator que afecta a motilidade dos espermatozóides. IX. Sobrevivência de espermatozóides em vários meios biológicos e sob diferentes composições gasosas. Fertil. Steril. 41: 428-432.

❖ **Mancini, A. ; De Marinis, L.; Oradei, A.; Hallgass, M.E.; Conte G.; e Pozza ,D.; Littarru, G.P. (1994).** Coenzyme Q10 concentrations in normal and pathological human seminal fluid. J Androl.15: 591.

❖ **Mancini, A.; Balercia, G. (2011).** Coenzima Q(10) na infertilidade masculina: fisiopatologia e terapia. Biofactores. 37:374-380.

❖ **Matalliotakis, I.; Koumantaki, Y.; e Evageliou, A. (2000).** Níveis de L-carnitina no plasma seminal de homens férteis e inférteis: correlação com a qualidade do esperma. Int J Fertil Women. 45: 236-240.

❖ **McGarry, J.D.; e Brown, N.F. (1997).** O sistema mitocondrial da carnitina palmitoil transferase. Do conceito à análise molecular. Eur. J. Bio chem. 244, 1-14.

❖ **McLachlan, R.I.; Baker, H.W.; Clarke, G.N.; Harrison, K.L.; Matson, P.L.; Holden, C.A.; e de Kretser, D.M. (2003).** Análise do sémen: o seu lugar na prática médica reprodutiva moderna. Pathology. 35(1):25-33.

❖ **Mehlman, M.A.; Kader, M.M.; e Therriault, D.G. (1969).** Metabolismo, tempo de rotação, meia-vida, pool corporal de carnitina-14C em ratos normais, diabéticos com aloxana e tratados com insulina. Life Sciences, 8, 465-472.

❖ **Menchini-Fabris, G.F.; Canale, D.; Izzo, P.L.; Olivieri, L.; e Bartelloni, M. (1984).** L-carnitina livre no sémen humano: a sua variabilidade em patologias diferentes e rológicas. Fertil Steril .42:263-267.

❖ **Menezo, Y.J.; Hazout, A.; Panteix, G.; Robert, F.; Rollet, J.; e Cohen-Bacrie, P. (2007).** Antioxidantes para reduzir a fragmentação do DNA do esperma: um efeito adverso inesperado. Reprod Biomed Online. 14: 418-421.

❖ **Menkveld, R.; Franken, D.R.; Menkveld, R.; Franken, D.R.; Kruger, T.F.; Oehninger, S.; e Hodgen, G.D. (1991).** Capacidade de seleção de espermatozóides da zona pelúcida humana. Mol Reprod Dev. 30:346-352.

❖ **Menkveld, R.; Rhemrev, J.P.; Franken, D.R.; Vermeiden, J.P.; e Kruger, T.F. (1996).** Morfologia acrossomal como um novo critério para o diagnóstico da fertilidade masculina: relação com a atividade da acrosina, morfologia (critérios rigorosos) e fertilização in vitro. Fertil Steril .65:637-644.

❖ **Mikhailichenko, V.V.; e Esipov, A.S. (2005).** Peculiaridades da coagulação e liquefação do sémen em homens de casais inférteis. Fertil Steril. 84:256-258.

❖ **Miles, M.V.; Horn, P.S.; Tang, P.H.; Morrison, J.A.; e Miles, L. (2004).** Age-related changes in plasma coenzyme Q10 concentrations and redox state in apparently healthy children and adults. Clinica Chimica Ata, 347, 139144.

❖ **Miles, L.; Miles, M.V.; Tang, P.H.; Quinlan, J.G.; Wong, B.; Wenisch, A.; e Bove, K.E. (2005).** Ubiquinol: A potential biomarker for tissue energy requirements and oxidative stress. Clinica Chimica Ata, 360, 87-96.

❖ **Miles, M.V.; Patterson, B.J.; Schapiro, M.B.; Hickey, F.; Chalfonte Evans, M.; Horn, P.; e Hotze, S. (2006).** Absorção e tolerância da coenzima Q10 em crianças com síndrome de Downs: A dose-ranging trial. Pediatric Neurology, 35, 30-37.

❖ **Mitchell, M.E. (1978).** Metabolismo da carnitina em seres humanos. I. Normal metabolism. American Journal of Clinical Nutrition, 31, 293-306.

❖ **Mizuno, K.; Tanaka, M.; Nozaki, S.; Mizuma, H.; Ataka, S.; Tahara, T.; Sugino, T.; Shirai, T.; Kajimoto, Y.; Kuratsune, H.; Kajimoto, O.; e Watanabe, Y. (2008).** Efeitos anti-fadiga da coenzima Q10 durante a fadiga física. Nutrition . 24: 293-299.

❖ **Miodrag, S.; Kirsten, W.; Valeri, Z.; Petra, S.; Katja, B.; e Eckhard, W. (1999).** Coenzyme Q10 in Submicron-Sized Dispersion Improves Development, Hatching, Cell Proliferation, and Adenosine Tri phosphate Content of In Vitro-Produced Bovine Embryos. BIOL REPROD. 61, 541-547.

❖ **Moretti, E.; Capitani, S.; Figura, N.; Pammolli, A.; Federico M.G.; Giannerini, V.; e Collodel, G. (2009).** The presence of bacteria species in semen and sperm quality, Journal of Assisted Reproduction and Genetics, 26, 47-56.

❖ **Mortimer, D. (1994).** Lavagem de esperma In: Mortimer D (Ed). Practical Laboratory Andrology.1st edn. EUA: Oxford University Press.

❖ **Mortimer, D. (2000).** Métodos de preparação de esperma. Cancro do laboratório de andrologia. J. Androl. 21:334-340.

❖ **Muriel, L. Goyanes, V.; e Segrelles, E. (2007).** Aumento da taxa de euploidia em espermatozóides com DNA fragmentado, conforme determinado pelo teste de dispersão da cromatina do esperma (SCD) e análise FISH. J Androl . 28(1):38-49.

❖ **Murray, M.T. (1997).** Infertilidade masculina, uma preocupação crescente. Am. J. Nature. Med. 4(3):8-10.

(N)

❖ **NAFA e ESHRE. (2002).** Associação Nórdica de Andrologia e Sociedade Europeia de Reprodução Humana e Embriologia - Grupo de Interesse Especial em Andrologia. Manual de Análise Básica do Sémen. 1-24.

❖ **Nersesyan, A.; Kundi, M.; Kambis, A.; Schulte-Hermann, R.; e Knasmuller, S. (2006).** Efeito do procedimento de coloração nos resultados do ensaio de micronúcleos com células esfoliadas da mucosa oral. Cancer Epidemiol. Biomarcadores Prev. 15, 1835-1840.

❖ **Ng, C.M.; Blackman, M.R.; Wang, C.; e Swerdloff, R.S. (2004).** O papel da carnitina no sistema reprodutor masculino. AnnNYAcadSci 1033:177-188.

(O)

❖ **Oeda, T.; Henkel, R.; Ohmori, H.; e Schill, W.B. (1997).** Efeito de eliminação da N-acetil-L-cisteína contra espécies reactivas de oxigénio no sémen humano: uma possível modalidade terapêutica para a infertilidade de fator masculino? Andrologia 29: 125131.

❖ **Ohl, D.A. ; e Menge, A.C. (1996).** Avaliação da função espermática e aspectos clínicos da função espermática prejudicada. Front Bio sci. 1(1): 96-108.

❖ **Ohri, M.; e Prabha, V. (2005).** Isolamento do fator aglutinante de esperma de *Staphylococcus aureus* isolado de uma mulher com infertilidade inexplicada. Fertil Steril 84: 1539-1541.

❖ **Okamoto, T.; Matsuya, T.; Fukunaga Y.; Kishi, T.; e Yamagami, T. (1989).** "Níveis de ubiquinol-10 no soro humano e relação com os lípidos séricos". Internat. J. Vit. Nutr Res . 59, (3): 288-292.

❖ **Opie, L.H. (1979).** Role of carnitine in fatty acid metabolism of normal and ischemic myocardium. Am Heart J. 97(3):375-388.

❖ **Overvad, K.; Diamant, B.; Holm, L.; Holmer, G.; Mortensen, S.A.; e Stender, S. (1999).** Coenzyme Q10 in health and disease. Eur J Clin Nutr .53: 764-770.

❖ **Owen, D.H.; e Katz, D.F. (2005).** Uma revisão das propriedades físicas e químicas do sémen humano e a formulação de um simulador de sémen. Androl. 26(4):459-469.

(P)

❖ **Pacey, A.A. (2006).** A garantia de qualidade na análise de sémen ainda é realmente necessária? Uma visão do laboratório de andrologia. Hum Reprod; 21:11059.

❖ **Packer; e Lester, Ph.D. (1999).** The Antioxidant Miracle (O Milagre dos Antioxidantes), NY: John Wiley & Sons, Inc.

❖ **Pasqualotto, E.B.; Daitch, J.A.; Hendin, B.N.; Falcone,T.; Anthony, J.; Thomas, J.r.; Nelson, D.R.; e Agarwal, A. (1999).** Relação da contagem total de espermatozóides móveis e da percentagem de espermatozóides móveis com as taxas de gravidez bem-sucedida após a inseminação intra-uterina. J Assist Reprod Genet . 16(9):476-482.

❖ **Pellati, D.; Mylonakis, I.; Bertoloni, G.; Fiore, C.; Andrisani, A.; Ambrosini, G.; e Armanini, D. (2008).** Infecções do trato genital e infertilidade. Eur J. Obstet Gynecol Reprod Biol. 140 (1): 3-11.

❖ **Pillich, R.T.; Scarsella, G.;e Risuleo, G. (2005).** Redução da apoptose através da via mitocondrial pela administração de acetil-L-carnitina a fibroblastos de rato em cultura. Exp.

Cell Res. 306, 1-8.

❖ **Platell, C.; Kong, S.E.; Cauley, R.M; e Hall, J.C. (2000).** Branched-chain amino acids. J Gastroenterol Hepatol .15:706-717.

❖ **Paulson, J.D.; e Polakoski, K.L. (1977).** Isolamento de um fator de imobilização de espermatozóides a partir de filtrados de Escherichia coli, Fertil Steril , 28, 182185.

❖ **Pruneda, A.; Yeung, C.H.; Bonet, S.; Pinart, E.; e Cooper, T.G. (2007).** Concentrações de carnitina, glutamato e mio-inositol no fluido epididimal e espermatozóides de varrascos. Anim Reprod Sci .97: 344-355.

(Q)

❖ **Quinzii, C.; Lopez, L.; Gilkerson, R.; Dorado, B.; Coku, J.; Lagier-Tourenne, C. ; Schuelke, M.; Salviati, L.; Carrozzo, R.; Santorelli, F.; Rahman, S.; Tazir, M.; Koenig, M.; Di Mauro, S.; e Hirano, M. (2010).** As espécies reactivas de oxigénio, o stress oxidativo e a morte celular estão correlacionados com o nível de deficiência de CoQ10. FASEB. J., 24(10):3733-3743.

❖ **Quinzii, CM.; Tadesse, S.; Naini, A.; e Hirano, M. (2012).** Efeitos da inibição da biossíntese de CoQ10 com 4-nitrobenzoato em fibroblastos humanos. PLoS ONE. 7(2): e30606.

(R)

❖ **Ramalho-Santos, J.; Schatten, G.; e Moreno, R.D. (2002).** Controlo da fusão de membranas durante a espermiogénese e a reação de acrossoma. BIOL REPROD. 67(4):*1043-1051*.

❖ **Ramsay, R.R.; Gandour, R.D.; e van der Leij, F.R. (2001).** Enzimologia molecular da transferência e transporte de carnitina. Bio chim. Bio phys. Ata 1546, 21-43.

❖ **Rebouche, C.J. (1999).** Carnitina. In: Modern Nutrition in Health and Disease, 9th Edition (editado por Shils ME, Olson JA, Shike M, Ross, AC). Lippincott Williams and Wilkins, Nova Iorque.

❖ **Rebouche, C.J. (2004).** Cinética, farmacocinética e regulação do metabolismo da L-carnitina e da acetil-L-carnitina. Anais da Academia de Ciências de Nova Iorque, 1033, 30-41.

❖ **Reynolds, J.A.; e Hand, S.C. (2004).** As diferenças nas mitocôndrias isoladas são insuficientes para explicar a depressão respiratória durante a diapausa em embriões de art emiafranciscana. Physiol. Bio chem. Zool. 77, 366-377.

❖ **Rossignol, D.A.; e Bradstreet, J.J. (2008).** Evidência de disfunção mitocondrial no autismo e implicações para o tratamento. AJBB. 4(2): p. 208-217.

❖ **Rothmann, S.A.; Reese, A.A. (2007).** Análise do sémen: o teste que os técnicos adoram odiar. MLO Med Lab Obs 39 (4): 18-20, 22-27 [questionário: 28-9].

(S)

❖ **Sahajwalla, C.G.; Helton, E.D.; e Purich, E.D.; Hoppel, C.L. e Cabana, B.E. (1995).** Farmacocinética de dose múltipla e bioequivalência de L-carnitina 330-mg comprimido versus 1-g comprimido mastigável versus solução enter al em voluntários adultos saudáveis do sexo masculino. J Pharm Sci .84:627-633.

❖ **Sánchez, R.; Concha, M.; Ichikawa T.; Henkel, R.; e Schill, W.B. (1996).** A filtração com lã de vidro reduz as espécies reactivas de oxigénio através da eliminação de leucócitos em pacientes oligozoospérmicos com leucocitospermia. J Assisted Reprod Genet .13:489-494

❖ **Sato, H.; Taketomi, Y.; Isogai, Y.; Miki, Y.; Yamamoto, K.; Masuda, S.; Hosono, T.; Arata, S.; Ishikawa, Y.; Ishii, T.; Kobayashi, T.; Nakanishi, H.; Ikeda, K.; Taguchi, R.; Hara, S.; Kudo, I.;e Murakami, M. (2010).** A lipase fosfórica A2 secretada pelo grupo III regula a maturação do esperma epididimal e a fertilidade em ratos. J Clin Invest. 120: 1400-1414.

❖ **Schulte, R.T.; Ohl, D.A.; Sigman, M.; e Smith, G.D. (2010).** Danos ao DNA do esperma na infertilidade masculina: etiologias, ensaios e resultados. J. Assist. Reprod. Genet. 27: 3-12.

❖ **Seaman, E.K.; Goluboff, E.; BarChama, N.; e Fisch, H. (1996).** Precisão das câmaras de contagem de sémen determinada pela utilização de pérolas de látex. Fertil Steril .66(4):662-665.

❖ **Shaaban, M.H. (2007).** Um estudo in vitro de ativação de esperma humano: usando o meio Hams F-12 e albumina de soro humano para pacientes inférteis. Tese de Mestrado. Instituto de investigação embrionária e tratamento de infertilidade da Universidade Al-Nahrain. Pp 102.

❖ **Sharma, R.K.; e Agarwal, A. (1996).** Role of reactive oxygen species in male infertility (Papel das espécies reactivas de oxigénio na infertilidade masculina). Urology 48: 835-850.

❖ **Sharma, R.K.; Said, T.; e Agarwal A. (2004).** Danos no DNA do esperma e sua relevância clínica na avaliação do resultado reprodutivo. Asian. J. Androl. 6: 139148.

❖ **Shults, C.W.; Flint Beal, M.; Song, D.; e Fontaine, D. (2004).** Estudo piloto de altas doses de coenzima Q10 em pacientes com doença de Parkinson. Exp Neurol.188:491-494.

❖ **Shunk, C.H.; Linn, B.O.; Wong, E.L.; Wittreich, P.E.; Robinson, F.M.; e Folkers, K. (1958).** Coenzima Q: Síntese de derivados de 6-farnesil e 6-filtil de 2,3- dimetoxi-5-metil benzoquinona e análogos relacionados. J. Am. Chem. Soc. 1958;80:4753.

❖ **Siemieniuk, E.; e Skrzydlewska, E. (2005).** Coenzima Q10: sua biossíntese e significado biológico em organismos animais e em seres humanos. Postepy. Hig. Med. Dosw.59:150-159.

❖ **Silva-Adaya, D.; Perez-De Cruz La, V.; Herrera-Mundo, M.N.; Mendoza-Macedo, K.; Villeda-Hernandez, J.; Binienda, Z.; Ali, S.F.; e Santamaria, A. (2008).** Danos tóxicos, metabolismo energético perturbado e stress oxidativo no cérebro de ratos: efeitos antioxidantes e neuroprotectores da l-carnitina. J Neurochem 105:677-689.

❖ **Singh, R.B.; Niaz, M.A.; Rastogi, V.; e Rastogi, S.S. (1998).** Coenzyme Q in cardiovascular disease. J Assoc Physicians India .46: 299-306.

❖ **Singh, R.B.; Shinde, S.N.; Chopra, R.K.; Niaz, M.A.; Thakur, A.S.; e Onouchi, Z. (2000).** Effect of coenzyme Q10 on experimental atherosclerosis and chemical composition and quality of atheroma in rabbits, Atherosclerosis, 148(2):275-282.

❖ **Singh, R.B.; Kartikey, K.; e Moshiri, M.; Neki, N.S.; Pella, D.; Rastogi, S.S.; Srivastav, S.S.L.; e Krishna, A. (2003a).** CoQ10 in the treatment of heart and vascular disease. Frontiers in Cardiovascular Health, In: NS Dhalla, Choklingham A, Berkowitz HI, Singal PR, Eds. Boston, Kluwer Academic Publishers . pp. 395-420.

❖ **Singh, R.B.; Pella, D.; Chopra, R.; Cornelissen, G.; e Halberg, F. (2003b).** Visão geral da ubiquinona, em memória de um campeão. Bliznakov EG, Ed. J Nutr Environ Med . 13: 211-214.

❖ **Speroff, L.; e Fritz, M.A. (2010).** "Male infertility, Chapter 30", Clinical Gynecologic Endocrinology and Infertility, Eighth Edition, Lippincott Williams & Wilkins, syf: 1266.

❖ **Srinivas, S.R.; Prasad, P.D.; Umapathy, N.S.; Ganapathy, V.; e Shekhawat, P.S. (2007).** Transporte de butiril L-carnitina, um potencial pró-fármaco, através do transportador de carnitina OCTN2 e do transportador de aminoácidos ATB (0,+). Am J Physiol Gastrointest Liver Physiol . 293: 1046 - 1053.

❖ **Stagimiller, R.B.; e Moor, R.M. (1984).** Effect of follicle cells on the maturation and development competence of ovine oocyte matured outside the follicle. Gamete Res. 9:221-229.

❖ **Stanic, P.; Sonicki, Z.; e Suchanek, E. (2002).** Efeito da pento xifilina na motilidade e integridade da membrana dos espermatozóides humanos de criopreservação. International J Androl . 25:186- 190.

❖ **Stocker, R.; Bowry, W.E.; e Frei, B. (1991).** Ubiquionol - 10 protege a lipoproteína humana de baixa densidade mais eficazmente contra a peroxidação lipídica do que o alfa-tocoferol. Proc Natl Acad Sci USA . 88: 1646-1650.

❖ **Solarska , K. ; Lewinska , A.; Karowicz-Bilinska, A.; e Bartosz, G. (2010).** As propriedades antioxidantes da carnitina *in vitro*. Cell Mol Biol Lett 15: 90-97.

❖ **Suarez, S.S.; e Pacey A.A . (2006).** Transporte de espermatozóides no trato reprodutivo feminino. Hum. Reprod 12, 23-37.

❖ **Sun, Y.T.; Wreford, N.G.; Robertson, D.M.; e de Kretser, D.M. (1990).** Quantitative cytological studies of spermatogenesis in intact and hypo physectomized rats: identification of androgen-dependent entstages. Endocrinology . 127: 1215-1223.

❖ **Swart, I.; Rossouw, J.; Loots, J.M.; e Kruger, M.C. (1997).** O efeito da suplementação com L-carnitina nos níveis plasmáticos de carnitina e em vários parâmetros de desempenho de atletas masculinos de maratona. Nutr Res .17:405-414.

(T)

❖ **Tan, Y.; e Bennett, M.J. (2007).** The Australian & New Zealand journal of obstetrics & gynaecology, 47 (5): 406-409.

❖ **Tang, P.H.; Miles, M.V.; DeGrauw, A.; Hershey, A.; e Pesce, A. (2001).** HPLC analysis of reduced and oxidized coenzyme Q10 in human plasma. Clin Chem , 47, 256-265.

❖ **Tanphaichitr, V.; Horne, D.W.; e Broquist, H.P. (1971).** Lisina, um precursor da carnitina no rato. J. Biol. Chem. 246, 6364±6366.

❖ **Tauber, P.F.; e Zaneveld, L.J.D. (1976).** Coagulação e liquefação do sémen humano. P.153-166 In: Human semen and fertility regulation in men. Hafez E.S.E. (ed.). The C.V. Mosby Company, EUA.

❖ **Tea, N.T.; Jondet, M.; e Scholler, R. (1984).** Um método de sedimentação por migração-gravidade para recolher espermatozóides móveis do sémen humano. In: In Vitro Fertilization, Embryo Transfer and Early Pregnancy Editado por: Harrison RF, Bonnar J, Thompson W. MTP Press ltd., Lancaster; 117-120.

❖ **Tejada, R.I.; Mitchell, J.C.; Norman, A.; Marik, J.J.; e Friedman. (1984).** Um teste para a avaliação prática da fertilidade masculina por fluorescência de laranja de acridina (AO). Fertil. Steril. 42 (1):87-91.

❖ **Tinwell, H.; e Ashby, J. (1989).** Comparação das colorações de laranja de acridina e Giemsa em vários ensaios de micronúcleos estreitos em osso de rato - incluindo um estudo de dose tripla. Mutagénese 4, 476-481.

❖ **Tomono, Y.; Hasegawa, J.; Seki, T.; Motegi, K.; e Morishita, N. (1986).** Pharmacokinetic study of deuterium-labelled coenzyme Q10in man. Int J Clin Pharmacol Ther Toxicol .24:536-541.

❖ **Trummer, H.; Habermann, H.; Haas, J.; e Pummer, K. (2002).** The impact of cigarette smoking on human semen parameters and hormones (O impacto do consumo de cigarros nos parâmetros e hormonas do sémen humano). Human Reproduction. 17(6):1554-1559.

❖ **Trounson, A.O.; Leeton, J.F.; Wood, C.; Webb, J.; e Kovacs, G. (1980).** A investigação da infertilidade idiopática por fertilização in vitro. Fertil Steril, 34:431-438.

❖ **Trounson, A.; e Caro, A. (1984).** Investigação em fertilização humana *in vitro* e transferência de embriões. Br., Med. J. 285: 244.

❖ **Turunen, M.; Olsson, J.; e Dallner, G. (2004).** Metabolismo e função da coenzima Q. Biochim Biophys Ata .1660: 171.

(U)

❖ **Ueda, T.; Hayashi, M.; Ohtsuka, Y.; Nakamura, T.; Kobayashi, J.; e Sofuni, T. (1992).** Estudo preliminar do teste de micronúcleos por coloração fluorescente com laranja de acridina em comparação com o teste de aberrações cromossómicas utilizando células eritropoiéticas e embrionárias de peixe. Water Sci. Technol. 25, 235-240

(V)

❖ **Van der Ven, H.H.; Jeyendran, R.S.; Al-Hasani, S.; Tunnerhoff, A.; Hoebbel, K.; Diedrich, K.; Krebs, D.; e Perez-Pelaez, M. (1988).** Filtração em coluna de lã de vidro de sémen humano: relação com o procedimento de swim-up e resultado da FIV. Hum Reprod . 3:85-88.

❖ **Vande voort, C.A. (2004).** Esperma de alta qualidade para ART de primatas não-humanos: Produção e avaliação. Reprod. Biol. Endocr. 2:33-39.

❖ **Vanella, A.; Russo, A.; Acquaviva R.; Campisi, A.; Giacomo, C. Di. ; Sorrenti, V.; e Barcellona, M.L. (2000).** L- propiony l- carnitine scavenger, antioxidante, e protetor de clivagem de ADN. Cell Biol Toxicol 16:99104.

❖ **Vaz, F.M.; Ofman, R.; Westinga, K.; Back, J.W.; e Wanders, R.J. (2001).** Caracterização molecular e bioquímica da epsilon-N-tri metillysine hydroxylase de rato, a primeira enzima da biossíntese da carnitina. J. Biol. Chem. 276, 33512-33517.

❖ **Vaz, F.M.; e Wanders, R.J. (2002).** Biossíntese de carnitina em mamíferos. Bio chem J.361: 417.

❖ **Vicari, E.; e Calogero, A.E. (2001).** Efeitos do tratamento com carnitinas em pacientes inférteis com prostatovesiculo-epididimite. Human Reproduction, 16, 2338-2342.

❖ **Visconti, P.E.; Westbrook, V.A.; Chertinhin, O.; Demarko, I.; Sleigh, S.; e Diekman, A.B. (2002).** Novas vias de sinalização envolvidas na aquisição de espermatozóides da capacidade de fertilização. J. Reprod. Immuno. 53: 133-150.

(W)

❖ **Wagner, MS.; Wajner, S.M.; e Maia, A.L. (2008).** O papel da hormona tiroideia no desenvolvimento e função testicular. J Endo crinol. 199: 351-365.

❖ **Wassarman , P.M. (1999).** Mammalian fertilization molecular aspects of gametes adhesion, exo cytosis, and fusion. Cell. 96:175-183.

❖ **Weber, C. (2001).** Dietary intake and absorption of coenzyme Q. In, Kagan V, Quinn P (eds): Coenzyme Q: Molecular Mechanisms in Health and Disease. Boca Raton, FL: CRC Press. pp 209-215.

❖ **Weiske, W.H.; Salzler, N.; Schroeder-Printzen, I.; e Weidner, W. (2000).** Clinical findings in congenital absence of the vasa deferentia. Andrologia 32: 13- 18.

❖ **Wilcox, A.J.; Weinberg, C.R.; e Baird, D.D. (1995).** Timing of sexual intercourse in relation to ovulation. Effects on the probability of conception, survival of pregnancy, and sex of the baby. N Engl J Med 333, 1517-1521.

❖ **Williams; e Wilkins. (1988).** Contemporary management of impotence and infertility (Gestão contemporânea da impotência e da infertilidade). Baltimore (MD).

❖ **Wils, P.; Warnery, A.; Phung-Ba, V.; Legrain, S.; Scherman, D. (1994).** A alta lipofilicidade diminui o transporte de drogas através das células epiteliais intestinais. Pharmacol Exp Ther May. 269 (2): 6548.

❖ **Wolff, H.; e Anderson, D.J. (1988).** Caracterização imuno histológica e quantificação de subpopulações de leucócitos no sémen humano. Fertil. Steril 49, 497-504.

❖ **Organização Mundial de Saúde (OMS). (1992).** Laboratory manual for the examination of human semen and sperm cervical mucus interaction. Cambridge University Press, 3rd edition.

❖ **Organização Mundial de Saúde (OMS). (1999).** WHO laboratory manual for the examination of human semen and semen-cervical mucus interaction (Manual de laboratório da OMS para o exame do sémen humano e da interação sémen-muco cervical). 4th edition. Cambridge: Cambridge University Press.

❖ **Organização Mundial de Saúde (OMS). (2010).** WHO laboratory manual forth examination of human semen and semen-cervical mucus interaction. 5th edition. Cambridge: Cambridge University Press. pp:162-224.

❖ **Wright, V.C.; Chang, J.; Jeng, G.; e Macaluso, M. (2008).** Vigilância da tecnologia de reprodução assistida - Estados Unidos, 2005. MMWR Surveill Summ, Vol.57, No.5, pp. 1-23, ISSN 1545-8636 (Eletrónico) 0892-3787 (Ligação).

(X)

❖ **Xuan, W.; Lambonwah, A.M.; Librach, C.; Jarvi, K. e Tein, I. (2003).** Caracterização da família de transportadores de catiões orgânicos/carnitina no esperma humano. Bioch. Biophys. Res. Com., 306: 121-128.

(Y)

❖ **Yanagimachi, R. (1994).** Fertilização em mamíferos. P.189-317 In: E. Knobil, (eds), The Physiology of Reproduction, 2nd edn. Nova Iorque: Raven Press.

❖ **Yates, C.A.; e De-Kretser, D.M. (1987).** Infertilidade de fator masculino e fertilização in vitro. J In Vitro Fert Embryo Transf .4:141-147.

❖ **Yeste, M.; Sancho, S.; Briz, M.; Pinart, E.; Bussalleu, E.; e Bonet, S. (2009).** Uma dieta suplementada com L-carnitina melhora a qualidade do esperma de pietrain, mas não de duroc e grandes javalis brancos quando o fotoperíodo e a temperatura aumentam. Theriogenology 73:577-586.

❖ **Yoshida, M.; Kawano, N.; e Yoshida, K. (2008).** Controlo da motilidade e da fertilidade dos espermatozóides: diversos factores e mecanismos comuns. Cell Mol Life Sci. 65: 3446-3457.

❖ **Young, C.; Grasa, P.; Coward, K.; Davis, L.C.; e Parrington, J. (2009).** A fosfo-lipase C zeta sofre alterações dinâmicas no seu padrão de localização nos espermatozóides durante a capacitação e a reação de acrossoma. Fertil Steril. 91: 22302242.

(Z)

❖ **Zare, Z.; Imani, H.; Mohammadi, M.; Mofid, M.; e Dashtnavard, H. (2009).** Effect of oral l-carnitine on testicular tissue, sperm parameters and daily production of sperm in adult mouse, Sabzevar: Yakhteh (célula) Medical Journa, 11(4): 382-389.

❖ **Zavos, P.; Correa, J.; Antypas, S.; Zarmakoupis-Zavos, P.; e Costantinos N. (1998).** Effects of seminal plasma from cigarette smokers on sperm viability and longevity. Fertil Steril. 69 (3): 425-429.

❖ **Zavos, P.M.; Abou-Abdallah, M.; Aslanis, P.; Correa, J.R.; e Zarmakoupis-Zavos, P.N. (2000).** Uso do método de swim up padronizado em uma etapa do multi-ZSC: recuperação de espermatozóides de alta qualidade para inseminação intra-uterina ou outras formas de tecnologias de reprodução assistida. Fertil Steril. 74:834-835.

❖ **Zhang, Y.; Aberg, F.; Appelkvist, E.L.; Dallner, G.; e Ernster, L. (1995).** A absorção do suplemento dietético de coenzima Q é limitada em ratos. J Nutr.125:446-453.

❖ **Zhao, Y.;Vlahos, N.; Wyncott, D.;C Petrella, C.; Garcia, J.; Zacur, H.; e Wallach, E.E. (2004).** Impacto das caraterísticas do sémen no sucesso da inseminação intra-uterina. J Assist Reprod Genet .21(5): 143-148.

❖ **Zeng, Y.; Oberdorf, J.A.; e Florman, H.M. (1996).** regulação do pH no esperma do rato: Identificação do mecanismo regulador dependente de Na(+) - Cl (-) e HCO3 (-) e dependente de aril amino benzoato e caraterização dos seus papéis na capacitação do esperma. Dev. Biol. 173: 510-520.

❖ **Zhu, X.; Sato, E.F.; Wang, Y.; Nakamura, H.; Yodoi, J.; e Inoue, M. (2008).** A acetil-L-carnitina suprime a apoptose de células DT40 deficientes em tio redoxina 2. Arch. Biochem. Biophys. 478, 154-160.

❖ **Zinaman, M.J.; Brown, C.C.; Selevan, S.G.; e Clegg, E.D. (2000).** Qualidade do sémen e fertilidade humana: um estudo prospetivo com casais saudáveis. J Androl . 21: 145-153.

Printed by Books on Demand GmbH, Norderstedt / Germany